Copyright © Emergence Productions
geraldvignaud.com
Version 2.0

Design : Charlotte Méquignon
Elodie Su
Crédit photo : Markus Spiske

Édition : BoD - Books on Demand, 31 avenue Saint-Rémy,
57600 Forbach, bod@bod.fr
Impression : Libri Plureos GmbH, Friedensallee 273,
22763 Hamburg (Allemagne)

ISBN : 978-2-3222-3009-9
Dépôt légal : Février 2025

Gérald Vignaud

Changer le monde ?

Appréhender les challenges inédits du 21${}^{\text{ème}}$ siècle

Avant-propos

Il y a quelques mois de cela, j'ai écrit "L'école c'est important mais l'éducation c'est primordial !" (voir page 137). C'est un livre de développement personnel qui parle notamment de compréhension du monde, de communication, de stratégies, de santé, d'écologie et de construction du futur. Je l'ai écrit à l'instinct et de manière passionnée car c'est le guide personnel que j'aurais aimé pouvoir détenir étant plus jeune. Celui que j'aimerais pouvoir transmettre à mon fils le jour où il sera en âge de pouvoir le lire et le comprendre. Il s'agit d'un ouvrage très complet de plus de 600 pages écrites en petit. Par expérience, je sais que seule une minorité de personnes lit les ouvrages de cette taille. Pour rendre son contenu accessible au plus grand nombre, je l'ai donc subdivisé en cinq petits livres. Cinq thématiques essentielles qui composent la collection "L'éducation c'est primordial !" (voir page 137). "Changer le monde ?" est l'un de ces cinq ouvrages, un guide que je suis heureux de partager aujourd'hui avec toi.

J'espère que, quel que soit ton âge et la situation actuelle de ta vie, il t'apportera certaines des clefs que tu recherches. Aussi, pardonne-moi par avance les quelques "gros mots" que tu trouveras ici ou là dans ce livre. Je ne suis pas d'un naturel vulgaire, mais chaque mot ayant une charge émotionnelle unique et précise, j'ai trouvé utile d'en utiliser occasionnellement quelques-uns, histoire d'appuyer encore plus certains de mes propos. De même, comme tu le remarqueras, ce livre est écrit sous la forme masculine. Il faut bien sûr voir derrière cette approche éditoriale l'idée d'une communication à 100% neutre et générique. Je m'adresse évidemment ici à tous, aux filles comme aux garçons.

Comme tu le découvriras, je te pose dans ce livre de nombreuses questions auxquelles je t'invite à réfléchir et à répondre en toute sincérité. Aussi, concernant son utilisation, n'hésite pas à casser les règles et lis-le avec un stylo à portée de main. Écris directement dessus tes réponses aux questions des exercices proposés. Notes-y dans les marges et sur les pages blanches toutes les idées et les réflexions qui te viennent. Surligne en fluo les passages et les citations qui te parlent, corne les pages et n'aie surtout pas peur de l'abîmer. Ne perds jamais de vue qu'un livre défoncé dont tu as puisé et intégré toutes les idées possède dix mille fois plus de valeur qu'un livre jamais ouvert et sagement rangé pendant des années sur une étagère poussiéreuse.

Aussi, sache que ton feedback et tes idées sont pour moi essentiels. Ils m'aident à me remettre sans cesse en question et à m'améliorer en permanence dans ce que je fais depuis 20 ans. À l'heure de l'Internet et de la communication horizontale, lire un livre sans pouvoir communiquer avec son auteur me semble être, de mon point de vue, une incohérence. Brisons donc ensemble ce schéma traditionnel et donnons-nous la possibilité de se contacter si nécessaire (je te propose d'ailleurs que l'on se tutoie). Pour cela, j'ai mis en place un formulaire de contact gratuit et privé sur mon site à l'adresse suivante :

geraldvignaud.com/livre-contact

N'hésite pas à t'y rendre pour me partager ton ressenti sur cet ouvrage. Je lis personnellement tous les messages et j'essaie d'y répondre le plus souvent possible.

Tu peux aussi me retrouver sur les réseaux sociaux :

Ainsi que sur mon site web :

geraldvignaud.com

À bientôt,

Amicalement,

Gérald Vignaud

Sommaire

Avant-propos 5

Tu seras un homme, mon fils 10

Partie 1 : Aimer, Grandir et Donner, les trois buts ultimes de toute vie ! 13

Aimer 16
Grandir 17
Donner 20
Redéfinir la réussite 22
Un moment très particulier de l'histoire de l'humanité 25
Voir sa vie comme quelque chose de bien plus grand que soi ! 56

Partie 2 : Nous avons tous la responsabilité morale de protéger et de préserver notre planète 61

Le 21ème siècle, un moment très spécial de notre histoire 66
Les grands défis écologiques du 21ème siècle 68
Agir, individuellement et collectivement 92
Plus qu'une révolution écologique, une révolution spirituelle 99
Quel monde voulons-nous laisser à nos enfants ? 114

Conclusion 117

Sources et informations complémentaires 127

Du même auteur 137

À propos de l'auteur 144

Quelques mots à propos de *Soupe de plastique* 146

Il était tout simplement inconcevable pour moi d'écrire un livre comme celui-ci sans évoquer ce magnifique poème de Rudyard Kipling. Il l'écrivit en 1910, pour son fils alors âgé de 13 ans.

Publié sous le titre anglais « If », ce texte est, à mes yeux, l'un des plus beaux et des plus puissants poèmes qui n'ait jamais été écrit. Et puisqu'il est maintenant tombé dans le domaine public, c'est donc avec un immense plaisir que je le partage ici, en préambule de cet ouvrage, pour t'inviter à le (re)découvrir. ☺

―――――――――――――――

Tu seras un homme, mon fils

Si tu peux voir détruit l'ouvrage de ta vie
Et sans dire un seul mot te mettre à rebâtir,
Ou, perdre d'un seul coup le gain de cent parties
Sans un geste et sans un soupir ;

Si tu peux être amant sans être fou d'amour,
Si tu peux être fort sans cesser d'être tendre
Et, te sentant haï sans haïr à ton tour,
Pourtant lutter et te défendre ;

Si tu peux supporter d'entendre tes paroles
Travesties par des gueux pour exciter des sots,
Et d'entendre mentir sur toi leur bouche folle,
Sans mentir toi-même d'un seul mot ;

Si tu peux rester digne en étant populaire,
Si tu peux rester peuple en conseillant les rois
Et si tu peux aimer tous tes amis en frère
Sans qu'aucun d'eux soit tout pour toi ;

Si tu sais méditer, observer et connaître
Sans jamais devenir sceptique ou destructeur ;
Rêver, mais sans laisser ton rêve être ton maître,
Penser sans n'être qu'un penseur ;

Si tu peux être dur sans jamais être en rage,
Si tu peux être brave et jamais imprudent,
Si tu sais être bon, si tu sais être sage
Sans être moral ni pédant ;

Si tu peux rencontrer triomphe après défaite
Et recevoir ces deux menteurs d'un même front,
Si tu peux conserver ton courage et ta tête
Quand tous les autres les perdront,

Alors, les rois, les dieux, la chance et la victoire
Seront à tout jamais tes esclaves soumis
Et, ce qui vaut mieux que les rois et la gloire,

Tu seras un homme, mon fils !

Rudyard Kipling (1865-1936)

Partie 1

—

Aimer, Grandir et Donner,
les trois buts ultimes de toute vie !

> « La vie est un mystère qu'il faut vivre,
> et non un problème à résoudre. »
>
> *Gandhi*

Le film "ZEITGEIST : Moving Forward", troisième volet de l'exceptionnelle trilogie de Peter Joseph[1] (que je t'invite d'ailleurs fortement à découvrir), débute par ce récit de Jacque Fresco. Je le cite :

Ma grand-mère était une femme merveilleuse, elle m'a appris à jouer au Monopoly. Elle a compris que le but du jeu, c'est d'acquérir et qu'en accumulant tout ce qu'elle pourrait, elle deviendrait "la maîtresse du jeu". Puis, elle me répétait toujours la même chose : un jour tu apprendras toi aussi à exceller dans ce jeu.

Un été, j'ai joué au Monopoly presque chaque jour, toute la journée. Et cet été là, j'ai appris à maîtriser toutes les facettes du jeu. J'en suis venu à comprendre que la seule manière de gagner est de se dévouer totalement à l'acquisition, que l'argent et la possession sont les moyens de marquer des points. Et à la fin de l'été, j'étais devenu encore plus impitoyable que ma grand-mère. J'étais même prêt, s'il le fallait, à contourner les règles pour gagner la partie.

À l'automne, nous avons joué de nouveau ensemble. Je lui ai pris tout ce qu'elle avait. Je l'ai regardé donner son dernier dollar et abandonner le jeu, complètement battue. C'est alors qu'elle m'a appris quelque chose de plus. Elle m'a dit simplement :

- Maintenant, tout retourne dans la boîte ! Toutes ces maisons et ces hôtels. Tous les chemins de fer et les entreprises de service public. Tous ces biens et tout cet argent merveilleux. Maintenant, tout retourne dans la boîte car rien de tout cela ne t'appartenait réellement. Tu étais excité par toutes ces choses pendant un moment, mais c'était là bien avant que tu prennes place à cette table et ce sera là bien après ton départ : les joueurs viennent, les joueurs partent. Maisons et voitures, titres et vêtements, même ton corps. Tout ce que tu saisis, consommes et amasses dans ta vie retournera dans la boîte à la fin et tu perdras tout.

Tu dois donc te demander : Que se passera-t-il quand tu obtiendras finalement l'ultime promotion ? Quand tu auras fait l'achat ultime ? Quand tu auras acheté la maison de tes rêves ? Quand tu auras sécurisé tes économies et grimpé tous les échelons du succès jusqu'au plus haut niveau qu'il t'est possible d'atteindre ? Lorsque la passion s'évanouira, car elle s'évanouira, que se passera-t-il après ? Quelle distance dois-tu parcourir sur cette route avant de voir où elle te mène ? De toute évidence, tu comprendras un jour que cela ne sera jamais assez. Alors, tu dois donc te poser aujourd'hui la question :

« Qu'est-ce qui est réellement important ? »

« Le sens de la vie, c'est ce qui reste quand on se débarrasse de tout ce qui est absurde. »

Juli Zeh

Car en effet, si on prend un peu de recul et un minimum d'objectivité, il semble incontestable que Jacque Fresco ait raison lorsqu'il explique qu'en fin de partie, tout retourne dans la boîte. Alors puisque nous ne sommes que de passage, invités pendant une infime étincelle de temps sur -comme le disait si justement Voltaire- un atome de boue, quel serait donc réellement le sens ultime de la vie ?

Pour ma part, je crois que le sens fondamental de la vie se résume à trois choses simples, mais absolument essentielles : **Aimer**, **Grandir** et **Donner**.

Pour s'en convaincre, il suffit de regarder un enfant de 2/3 ans, pendant ses toutes premières années, celles où sa Maman -drivée par l'ocytocine générée par sa naissance- le préserve un maximum du négatif de notre monde et lui offre énormément d'amour. Durant cette période très particulière de la vie où il ne subit pas encore de conditionnements sociaux massifs, les seuls objectifs de la journée d'un tout jeune enfant sont simples : Aimer, Grandir et Donner.

Aimer

Aimer est quelque chose que nous expérimentons tous plus ou moins dans nos vies. En approfondissant un peu le sujet, on s'aperçoit qu'il existe quatre niveaux d'amour différents :

1/ L'amour **égocentré** : Je reçois mais je ne veux rien donner. J'exige l'amour !

2/ L'amour avec **contrepartie** : Je te donne de l'amour mais j'attends quelque chose en retour. (En clair, je fais la pute.)

3/ L'amour **véritable** : Je donne de l'amour parce que je veux le donner, sans rien demander en retour.

4/ L'amour **inconditionnel** : J'aime tout le monde, y compris ceux qui ne m'aiment pas et ceux qui m'ont fait du mal...

C'est ce quatrième niveau d'amour dont on parle ici -un amour inconditionnel que l'on va offrir à tous, indépendamment de qui ils sont et de ce qu'ils nous ont potentiellement fait- qu'il nous faut viser. Pour beaucoup, c'est un niveau vraiment très dur à atteindre et seule une infime minorité de personnes y arrivent. Et ces gens-là possèdent un très grand pouvoir car l'amour est la force la plus puissante de l'Univers. Une force à la fois colossale et fondamentale qui permet de développer une volonté et une détermination hors norme. L'amour magnifie toutes les expériences et possède le pouvoir d'unir, de guider et de libérer les êtres. L'amour est une force de pardon, d'apaisement et de guérison. L'amour est la seule façon de saisir la réelle profondeur de quelqu'un, de pénétrer l'essence même de sa personnalité. Il permet à celui qui aime de découvrir, au-delà des apparences, les traits essentiels de la personne aimée et d'ouvrir ainsi tout un monde de possibilités nouvelles.

Réussir sa vie passe indiscutablement par s'aimer soi-même, par aimer les autres et par aimer la vie. Toutes les formes de vie. Et pour aimer, rien de plus simple. Lorsque tu es avec quelqu'un -qui que ce soit et quel que soit l'environnement et la situation- pense simplement, sincèrement et secrètement "je t'aime" à son encontre. Éprouve de l'amour et de la gratitude pour cet être en particulier et pour la vie en général. Ressens de la gratitude pour l'Univers et remercie-le intérieurement pour toutes les choses qu'il t'a déjà données ainsi que pour toutes celles qu'il se prépare à t'offrir. Si je ne suis sûr que d'une seule chose, c'est que c'est incontestablement à travers l'amour et la gratitude que l'être humain trouvera son salut.

« Il existe une efficience basée sur l'amour qui va beaucoup plus loin et qui est beaucoup plus grande que l'efficience de l'ambition. »

Jiddu Krishnamurti

Grandir

Depuis quelques décennies, le développement personnel est devenu l'une des religions dominantes de nos sociétés de plus en plus individualisées. Et l'industrie qui s'est créée derrière génère des sommes colossales en livres, en programmes, en conférences et en séminaires. Mais alors que de plus en plus de gens veulent grandir -et c'est une très bonne chose-, beaucoup rêvent de trouver des recettes miracles. Ce que lui vend, parfois très cher et toujours avec plaisir, une grande partie de cette fameuse industrie que je viens d'évoquer. Des astuces qui sont censées les faire évoluer rapidement en évitant évidemment d'expérimenter efforts et souffrances. L'objectif de ces gens étant souvent le même : devenir plus pour pouvoir gagner et posséder plus.

De mon point de vue, je crois que le développement personnel, c'est d'abord et avant tout apprendre à se connaître. Analyser son "code source" -pourquoi et comment on réagit aux événements- et comprendre son fonctionnement personnel.

« L'ignorant n'est pas celui qui manque d'érudition mais celui qui ne se connaît pas lui-même. »

Jiddu Krishnamurti

Ensuite, je crois que c'est de comprendre l'Univers dans lequel on vit. Le fonctionnement de ses bases élémentaires comme la mathématique, la physique, la biologie, la botanique, la géographie, l'astrophysique... etc. De prendre conscience de l'infiniment grand comme de l'infiniment petit. De réaliser que nous ne sommes qu'invités sur cette planète durant une étincelle de temps infime.

Grandir, c'est aussi, puisque d'une part nous vivons dedans et que d'autre part nous nous devons de contribuer à le rendre meilleur, comprendre le monde des hommes. Le fonctionnement de toutes ces choses, à l'origine des idées abstraites et complètement artificielles, qui sont aujourd'hui devenues les piliers élémentaires de nos sociétés : l'argent, le concept de la croissance, les médias, la publicité, le divertissement de masse, les multinationales, la franc-maçonnerie, le lobbying, les GAFA, les BATX, le capitalisme, la dette, les paradis fiscaux, la bourse, le Trading à Haute Fréquence (THP), la crise économique mondiale, les crypto-monnaies... etc. Toutes ces choses, qui n'existaient pourtant pas sur Terre durant les presque 4,5 milliards d'années qui ont précédé l'avènement de l'Homo sapiens, sont devenues aujourd'hui des éléments bien concrets. **Des forces qui se sont emparées des commandes de direction de l'évolution de notre planète** à tel point qu'elles en détiennent un droit de vie ou de destruction sur des choses qui, elles, sont originellement bien réelles -et surtout indispensables- comme la Nature et les animaux.

Tout ceci nous amène évidemment, en tant qu'espèce, à nous interroger et à essayer de comprendre trois choses très importantes.

- D'où venons-nous ?
  - Depuis la naissance de l'Univers, suivie de la naissance de notre système solaire, de l'apparition de la vie sur Terre, de l'avènement des premiers hominidés, de l'émergence de l'Homo sapiens, du début du néolithique, de la naissance des civilisations et de toute l'histoire du monde jusqu'à aujourd'hui.

- Où en sommes-nous aujourd'hui ?
  - Les différentes situations dans lesquelles se trouve aujourd'hui notre monde ne sont pas le fruit du hasard ou d'une destinée. C'est une multitude d'événements combinés entre eux et qui tracent une trajectoire unique depuis notre passé jusqu'à notre présent. Et cette trajectoire unique qui s'arrête à aujourd'hui laisse en potentiel une infinité de trajectoires possibles qui partiront du présent vers le futur. Et c'est pour cette raison que ce n'est uniquement qu'en ayant répondu correctement à ces deux premières questions que l'on peut tenter de répondre à la troisième :

- Où allons-nous ?
  - Et à cette question importante, il nous faut comprendre que la réponse n'est pas une destinée

écrite à l'avance. Nous irons là où, individuellement et collectivement, nous déciderons d'aller. À nous de décider de faire les bons choix.

Enfin -et surtout-, je crois que grandir, c'est de développer, dans un voyage sans fin, ses talents, ses compétences, ses passions, ses savoir-faire, son savoir-être, sa compassion, son attitude, sa communication, sa capacité à résister, sa capacité à lâcher prise, sa sincérité et tant d'autres choses encore. Des choses qui contribueront à nous amener vers un éveil spirituel et une croissance personnelle dont la finalité ultime est de donner et de contribuer.

Donner

Une femme marche dans la rue avec sa petite fille de 5 ans qui tient deux pommes, une dans chacune de ses mains. Ensemble, elles croisent un sans domicile fixe assis par terre qui les interpelle en leur disant qu'il a faim. La maman, dans un mélange de gêne et d'empathie, n'ose pas lui dire non. N'ayant pas de monnaie sur elle, elle se tourne vers sa fille et lui demande de donner l'une de ses deux pommes à cet homme affamé. La petite fille eu alors un geste surprenant : rapidement, elle amena la première pomme à ses lèvres puis en croqua un morceau. Avant même que sa mère n'ait pu réagir, elle fit exactement la même chose avec la deuxième. Choquée, la mère éleva la voix :

- Comment oses-tu faire ça ma fille, alors que ce monsieur dort dehors et qu'il a faim ?

Sans écouter ni répondre à sa mère, la petite fille poursuivi son mouvement en tendant l'une des deux pommes à l'homme assis par terre. Elle lui sourit et lui dit :

- Tiens, prends celle-là, c'est la meilleure des deux ! ☺

Cette histoire nous démontre deux choses :

- La première c'est que nous, les adultes, sommes inondés de programmations intempestives qui nous empêchent trop souvent de ne plus croire à l'innocence même.

- La deuxième, c'est que l'essence même de la programmation d'un enfant, c'est le partage. Ce n'est que nous, les adultes, qui corrompons de nos croyances cette programmation naturelle que nous faisons perdre aux enfants au fur et à mesure qu'ils grandissent. Peut-être devrions-nous alors donner à tous les enfants du monde ce judicieux conseil que j'ai lu un jour sur le t-shirt d'une personne croisée dans la rue : « Hé, enfant, ne grandis pas, c'est un piège ! »

Peut-être aussi devrions-nous apprendre à revenir en enfance et à reconquérir cette notion naturelle de partage. Le partage, un élément qui sera indispensable pour transformer notre monde malade.

« Pourquoi vendre toujours, quand il y a tant à donner ? »

Jean-Jacques Goldman

Je crois profondément que partager, donner et contribuer font partie des buts essentiels de la vie. Lorsque c'est fait de manière sincère et gratuite, sans rien attendre en retour, pas même de la reconnaissance, cela dépasse sa propre personne et permet d'élever sa vie à un niveau supérieur. Il y a du spirituel dans le partage et la contribution.

Redéfinir la réussite

De nos jours, il semblerait que dans leurs immenses majorités, les populations Homo sapiennes se soient déconnectées de ces trois fondamentaux essentiels de la vie. C'est comme si l'essence même d'Aimer, de Grandir et de Donner s'était complètement faite broyer par la complexité de nos sociétés actuelles engagées dans une course folle. Un monde qui, à l'exact opposé de ces valeurs, a érigé un modèle de réussite prédominant basé sur l'argent, l'ego, la célébrité, le pouvoir, la beauté extérieure, la reconnaissance, le plaisir immédiat et la diversité - et non la qualité et la profondeur- des expériences vécues.

Un modèle amplifié par l'avènement des réseaux sociaux qui ont poussé l'immense majorité des gens, notamment dans les générations les plus jeunes, à se mettre en scène. De nos jours, une immense partie de la population rivalise d'ingéniosité pour faire croire au monde la véracité de leur supposée réussite alors que, paradoxalement, la plupart en sont très loin. À tel point qu'il existe aujourd'hui une loi non écrite quasi-imparable qui se vérifie dans plus de 99% des cas de figure : "**Plus tu sembles avoir une vie extraordinaire sur les réseaux sociaux, plus t'as une vie de merde en vrai…**"

Et ce décalage de plus en plus grand entre l'image que l'on veut montrer et la réalité factuelle vécue est encouragé par la surenchère permanente de l'image donnée par "les autres" qui sont eux aussi prisonniers volontaires du même processus débile. Tout ceci augmente drastiquement le sentiment de vide et de solitude accentuant ainsi, dans un cercle vicieux sans fin, le décalage entre l'image que l'on tente de donner et la réalité factuelle de sa vie…

Et d'ailleurs, combien de ces personnes à "la vie si extraordinaire" sont vides et déprimées au moment de se coucher le soir, lorsqu'elles se retrouvent seules avec elles-mêmes ? Combien de ces personnes "aux milliers d'amis qui les suivent sur les réseaux sociaux" ont du mal à trouver quelqu'un pour arroser leurs plantes lorsqu'elles partent en vacances ?

Et tiens, puisqu'on en parle, connais-tu des gens qui sont dans ce cas de figure ? Peut-être même que parmi ces gens ainsi prisonniers de leurs apparences il y a une personne que tu connais vraiment très bien ?

Vois-tu de qui je parle ?

« La grande erreur de notre temps, cela a été de pencher, je dis même de courber l'esprit des hommes vers la recherche du bien matériel. Il faut relever l'esprit de l'homme, le tourner vers la conscience, vers le beau, le juste, le vrai, le désintéressé et le grand. C'est là et seulement là que vous trouverez la paix de l'homme avec lui-même et, par conséquent, avec la société. »

Victor Hugo

Comme le remarquait très justement le Dalaï Lama, la planète n'a pas besoin de gens qui "réussissent" (quand il parle ici de "réussite", il évoque évidemment le modèle prédominant de réussite érigé par nos sociétés dont nous avons parlé à l'instant, et non celui dont on va parler plus bas). Au contraire, disait-il, la planète a désespérément besoin de plus de faiseurs de paix, de guérisseurs, de conteurs d'histoires et de passionnés de toutes sortes.

Et si, au lieu d'être esclave de ce modèle prédominant que la société nous impose, tu redéfinissais ton propre modèle de réussite ? Une redéfinition qui pourrait passer par une libération des choses matérielles et par plus d'éveil spirituel. Par une capacité personnelle à te recentrer sur ton toi intérieur ? À te libérer de tes addictions ? À expérimenter la sérénité et la paix intérieure ? À être heureux et à partager ce bonheur autour de toi ? À contribuer à un monde meilleur ? Car le monde, dans cette période toute particulière de l'histoire de l'humanité, a désespérément besoin de toi…

Quelle est ma (nouvelle) définition personnelle de la réussite ?

_____
_____
_____
_____
_____
_____
_____
_____
_____
_____
_____
_____

La Réussite selon Ralph Waldo Emerson (1803-1882) : Rire souvent et sans restriction ; s'attirer le respect des gens intelligents et l'affection des enfants ; tirer profit des critiques de bonne foi et supporter les trahisons des amis supposés ; apprécier la beauté ; voir chez les autres ce qu'ils ont de meilleur ; donner de soi-même sans rien attendre en retour ; laisser derrière soi quelque chose de bon : un enfant en bonne santé, un coin de jardin, une société en progrès ; savoir qu'un être au moins respire mieux parce que tu es passé en ce monde. Voilà ce que j'appelle réussir sa vie.

Un moment très particulier de l'histoire de l'humanité

La longue histoire du monde enfante un début de 21ème siècle particulièrement compliqué et délicat. Sous nos yeux, notre époque voit l'émergence d'une multitude de facteurs nouveaux qui s'entrechoquent. Ils transforment radicalement, de plus en plus vite et pas toujours pour le mieux, notre planète et nos civilisations. On peut notamment citer :

- <u>Une explosion démographique sans précédent</u>

Alors qu'en 2020 nous sommes déjà plus de 7,7 milliards (7 700 000 000) d'Homo sapiens sur la Terre, l'explosion démographique enclenchée depuis 150 ans s'accentue chaque jour un peu plus. Nous y reviendrons en détails plus loin dans le livre mais, pour la résumer en quelques mots, sur notre planète, ce sont quotidiennement 160 000 personnes qui meurent pour 400 000 qui naissent.[2] Ce qui signifie que, chaque jour, la planète se peuple de 240 000 Homo sapiens supplémentaires. Avec évidemment tout ce que cela implique en termes de pressions sur les ressources à commencer par celles sur l'eau et la nourriture.

- <u>L'accélération de la financiarisation de nos économies</u>

L'une des conséquences à la fois majeures et inattendues de la crise financière de 2008 est l'accélération de la financiarisation de nos économies. Plus que jamais dans notre histoire, le capital possède aujourd'hui beaucoup plus de valeur que le travail. Se rajoutant à cela l'émergence et l'explosion du trading à haute fréquence, le terrain pour des crises financières beaucoup plus graves aux conséquences dramatiques est déjà prêt.

- <u>Un monde qui devient de plus en plus difficile, particulièrement pour les femmes et les enfants</u>

Si l'on prend pour point de comparaison les siècles précédents, l'humanité du 21ème siècle semble avoir réellement limité les ravages des guerres, des épidémies et des famines[3], les trois plus grandes causes de décès de masse de son histoire. Toutefois, elle est confrontée à des nouveaux challenges qui s'avèreront probablement bien plus complexes. Car c'est un fait, notre planète héberge de plus en plus de gens, possède de moins en moins de ressources disponibles et ses écosystèmes sont de plus en plus abîmés. À cela se rajoute une ultra-libéralisation du monde qui creuse un écart plus que jamais démesuré entre les plus riches et les plus pauvres, anéantissant au passage de plus en plus de personnes de la classe moyenne, les rétrogradant de fait vers les classes inférieures.

Un monde qui devient de plus en plus difficile et qui pousse le plus souvent chacun à l'égocentrisme, à la survie et à l'individualisme. Et ce nouveau monde qui est en train de naître sous nos yeux sera particulièrement compliqué pour les personnes les plus vulnérables, à commencer par les femmes et les enfants des pays en voies de développement. Pour rappel, aujourd'hui sur Terre, ce sont 45 millions de personnes qui vivent une vie d'esclave[4], soit à quelque chose près la population de l'Espagne. Et ce chiffre est amené à augmenter avec le temps.

Précision importante : Par le mot "esclave", je ne parle pas ici des gens que l'on laisse volontairement enfermés dans un système de croyances limitatif et qui travaillent comme des acharnés dans un job de merde. De tous ces gens qui gagnent un salaire de misère qui leur suffit à peine pour survivre de façon misérable et qui, eux, sont plusieurs milliards. Non, je parle ici des "vrais" esclaves -domestiques, ouvriers ou sexuels-, au sens littéral du terme.

- <u>Un monde de plus en plus urbanisé</u>

Dès le début du néolithique, les hommes ont commencé à se rassembler pour former les premières communautés, le groupe favorisant le travail et la sécurité. Il n'a pas fallu longtemps pour voir ces premières communautés s'organiser en villages. Des villages qui devinrent des villes. C'est vers le milieu du premier millénaire avant JC que la barre des 100 000 habitants semble être atteinte. Il faudra néanmoins attendre le début du 19ème siècle pour que la barre du million soit nettement franchie, simultanément par Londres et Pékin. D'autres villes occidentales comme Paris et New-York emboîtèrent le pas. L'essor industriel accéléra ensuite cette croissance urbaine en Europe, au Japon et en Amérique du Nord. Le basculement vers le gigantisme date de la seconde partie du 20ème siècle. Les villes de plus de 10 millions d'habitants -appelées mégapoles- se multiplient, principalement dans les pays en voie de développement en Asie, en Afrique et en Amérique du Sud. On en compte aujourd'hui plusieurs dizaines, Londres et Paris étant loin d'être les plus grandes…

Alors qu'ils sont souvent sans travail et vivent dans des villages ne possédant pas d'accès à l'énergie et aux infrastructures médicales, les villes sont pour beaucoup de villageois, synonymes d'immenses possibilités. Attirées par l'espoir d'opportunités professionnelles et d'un meilleur futur, toutes ces populations rejoignent donc des centres urbains de plus en plus démesurés et pollués. Un phénomène d'exode rural qui s'accélère de plus en plus dans les pays à fort développement économique. Tous les ans, ce sont ainsi des millions de personnes qui quittent leurs campagnes pour rejoindre la ville dans l'espoir d'une vie meilleure. Alors qu'il y a un siècle, seul 10% de la population mondiale était citadine, c'est aujourd'hui le monde urbain qui règne avec plus de la moitié de l'humanité vivant dans des villes. Un chiffre qui, à l'échelle mondiale, s'amplifie chaque jour et devrait dépasser les 2/3 de la population mondiale en 2050. À moyen terme, 2,5 milliards de personnes supplémentaires sont en effet attendues dans les villes, principalement en Afrique et en Asie, notamment dans des pays comme l'Inde, la Chine et le Nigeria. Une croissance démographique urbaine qui fait exploser la demande en matières premières et en énergies et implique des challenges gigantesques -pollution, énergie, sécurité, transports, logements, art de vivre…etc.- qu'il sera indispensable de résoudre.

La plupart des estimations prévoient qu'à la fin du siècle, 75% de la population mondiale sera citadine…

« La gestion des zones urbaines est devenue l'un des défis de développement les plus importants du 21ème siècle. Le succès ou l'échec de la construction de villes durables sera un facteur important pour la construction du futur de l'humanité.»

John Wilmoth

- <u>Une évolution sans précédent de notre alimentation</u>

Notre alimentation a plus évolué dans les cinquante dernières années que durant tout le reste de l'histoire de l'humanité. Les challenges sanitaires, économiques, écologiques et éthiques liés à ces changements sont à la fois gigantesques et inédits. C'est l'un des plus grands changements de notre évolution et il impacte absolument toute la population mondiale, présente et à venir. Ces évolutions sont créées et maîtrisées de façon ultra malsaine par une poignée de multinationales qui contrôlent l'une des industries stratégiques parmi les plus importantes qui soient : notre alimentation !

Industrialisée au maximum, l'agriculture intensive d'aujourd'hui est biberonnée aux semences brevetées, aux OGM et aux pesticides. Elle est focalisée uniquement par le rendement maximum au mépris de la santé, de la diversité des cultures et du respect des sols et des écosystèmes. À ce propos (faisons une petite parenthèse marketing), as-tu remarqué que l'industrie agroalimentaire a réussi l'exploit d'inverser les définitions des produits qu'elle propose sans même que l'on s'en rende compte ? Aujourd'hui, lorsqu'on parle -par exemple- d'une "tomate normale", elle est, par défaut dans l'esprit de la quasi-totalité des gens, issue d'une agriculture intensive utilisant OGM et pesticides. Une utilisation de graines génétiquement modifiées et de produits chimiques qui, si on se réfère aux lois élémentaires de la Nature, est tout sauf normale. À l'inverse, lorsqu'elle est produite sans OGM ni pesticides (normalement, donc), le terme "tomate" seul ne suffit pas à l'expliquer et il est alors indispensable de préciser qu'elle est "Bio". **En d'autres termes, au lieu de dire "tomate issue de l'agriculture intensive" et "tomate", nous avons été conditionnés à dire et à penser "tomate" et "tomate Bio". Et c'est passé nickel, sans vaseline.**

Côté élevage, cela ne va pas mieux. Aujourd'hui on n'élève plus le bétail, on le produit ! Une production dont l'objectif affiché est un rendement là aussi maximal. Cette production s'opère à grands renforts -le plus souvent à titre préventif- d'injection massive et régulière d'antibiotiques et sans aucun respect de l'animal et de l'environnement. Et je ne parle pas ici de l'industrialisation à tous les niveaux de nos aliments dans lesquels on retrouve massivement du sucre, du sel, des graisses transformées, des additifs, des colorants et des conservateurs en tous genres.

- L'épidémie d'obésité

Et cette évolution majeure de notre alimentation nous apporte son lot de problèmes sanitaires cachés, à commencer par l'obésité. Une épidémie d'obésité qui touche aujourd'hui plus de personnes sur la planète que les famines[5] -qui déciment pourtant beaucoup de monde. Qu'ils proviennent de grandes surfaces ou des chaînes de restaurants, les produits alimentaires que nous consommons tous les jours sont truffés de produits chimiques. Ces additifs sont absolument partout et pour la plupart méconnus de tous. Pour exemple, une simple frite dans un fast-food peut contenir jusqu'à une dizaine d'additifs différents.[6]

Les conséquences de toute cette chimie sur notre santé sont très graves : augmentation des risques de maladies cardiovasculaires, infarctus, hypertension, maladie de la vésicule, apnée du sommeil, cancer de l'utérus, du sein, de la prostate, du colon, asthme, infertilité, diabète, foie déficient… etc. À cela se rajoute l'impact psychologique, une baisse de la qualité des émotions ainsi que de la qualité de vie des personnes qui en souffrent. En moyenne, l'obésité entraîne une perte d'espérance de vie d'environ 10 ans.[6]

Quelques chiffres à propos de l'obésité : À l'heure où sont écrites ces lignes, en France, 1 adulte sur 6 est obèse et 20% des enfants sont en surpoids. Dans ce pays, l'obésité tue des dizaines de milliers de personnes par an. Aux USA, c'est pire : 1 enfant sur 3 est en surpoids. 1 sur 5 est obèse. Rien qu'aux États-Unis, il y a 1 100 morts par jour liés à l'obésité. Dans le monde, c'est 2 millions de personnes qui meurent chaque année de ses conséquences. Des chiffres en augmentation permanente…

- <u>Les dizaines de milliers de produits chimiques qui ont inondé notre quotidien</u>

L'une des découvertes que l'Homo sapiens a aussi beaucoup appréciée, c'est la chimie. Il s'amuse beaucoup avec et, que ce soit pour ses besoins domestiques, ceux de ses industries ou encore ceux de l'agriculture intensive, il a créé artificiellement une multitude de molécules différentes -dont le nombre total est estimé à plusieurs dizaines de milliers. Des molécules qu'il utilise absolument partout et dont les dommages sanitaires et écologiques collatéraux sont incalculables. Et c'est sans parler des ''effets cocktails'' liés à la multitude des mélanges - volontaires ou non- de ces molécules entre elles.

« Le monde aurait pu être simple comme le ciel et la mer. »

André Malraux

- <u>L'omniprésence des perturbateurs endocriniens</u>

L'une des conséquences de cette invasion de la chimie dans nos sociétés, c'est l'omniprésence des perturbateurs endocriniens. Ces dernières décennies, cette soupe chimique invisible d'une incroyable diversité a pénétré tous les aspects de notre quotidien jusqu'à nous immerger complètement. Très souvent dangereuse pour notre santé, elle est omniprésente partout autour de nous : dentifrice, savon, gel douche, shampooing, déo, parfum, crèmes cosmétiques, maquillage, lessive, assouplissant, additifs alimentaires, produits d'entretien, textile, encre, peinture, désinfectants et autres produits industriels en tout genre. Même nos rideaux et notre aspirateur en contiennent…

Ces polluants chimiques portent la plupart du temps des noms imprononçables tels que "triphényl phosphate", "benzophénone" ou encore "résorcinol". Ils existent car ils "améliorent" un processus de fabrication, de conservation ou apportent plus de texture, de goût, de confort ou de séduction au produit. Mais leurs effets sur notre santé sont catastrophiques : altérations de la qualité du sommeil, de celle du comportement et de l'humeur, déséquilibre du système hormonal, cancers, infertilité, malformations congénitales. Et c'est sans parler des résidus qu'ils génèrent et qui causent des dommages irréversibles sur l'environnement…

- <u>La résistance aux antibiotiques</u>

Découvert par Alexander Fleming au début du 20ème siècle, les antibiotiques permettent de combattre les bactéries. Utilisée pour la première fois en 1928, la pénicilline fut le premier d'entre eux. Pendant plusieurs décennies, leur développement a permis de soigner de nombreuses maladies. Depuis, beaucoup de personnes ont eu leur vie sauvée grâce aux antibiotiques et leur utilisation a ainsi été généralisée, jusqu'à être massivement employée -à titre préventif- dans l'élevage industriel et l'apiculture. Chez les hommes, ils sont même très souvent prescrits et utilisés alors qu'ils n'ont pas lieu d'être, comme par exemple dans les cas d'infections par des virus.

En conséquence, parce qu'elle a été -et est encore- utilisée à outrance, l'antibiothérapie devient de moins en moins efficace et des milliers de personnes meurent chaque année d'infections qui se soignaient facilement il y a seulement 10 ans… Les bactéries développent de plus en plus de résistance aux antibiotiques, à tel point qu'un nombre croissant de scientifiques tire la sonnette d'alarme et annonce l'émergence d'un problème de santé majeur. Certains évoquent même une possibilité de retour au 18ème siècle, à l'ère pré-antibiotique, où la moindre blessure infectée pouvait se révéler fatale. Début 2016, un rapport britannique annonçait que, d'ici 2050, la résistance aux antibiotiques causerait la mort de 10 millions de personnes chaque année dans le monde si rien ne changeait[7]. Et rien ne semble changer…

- La pollution électromagnétique

Dès le milieu des années 90, les ondes électromagnétiques déferlent massivement sur le monde. Téléphones portables, antennes relais et -plus récemment- bornes wifi se sont démultipliés à un rythme hallucinant quasiment partout sur la planète et ce, alors qu'aucune étude scientifique indépendante n'a prouvé de manière certaine leur innocuité. Bien au contraire, les ondes auraient un effet néfaste, notamment sur notre système nerveux central. De multiples expériences dont certaines sur le rat (dont l'ADN est très proche de l'homme) le démontreraient : les ondes favoriseraient le développement des tumeurs cancéreuses et endommageraient les neurones…[8]

- L'explosion massive des connaissances et des technologies

La numérisation du monde couplée à l'invention et l'essor d'Internet a transformé l'humanité en un gigantesque cerveau collectif. Cela lui a permis un partage massif de la connaissance, ce qui a eu pour conséquence une explosion inédite de la technologie. Et tous les secteurs sont concernés, à commencer par les objets connectés, la réalité augmentée, les hologrammes, le Big data, les algorithmes, l'intelligence artificielle, la reconnaissance faciale et comportementale, la réalité virtuelle, la robotique, les voitures autonomes, les drones, les nanotechnologies, les biotechnologies, l'informatique, les sciences cognitives, le clonage, l'impression 3D, la blockchain et même l'informatique quantique.

Mais s'il est vrai que le développement d'une technologie saine fait très probablement partie de la solution à plusieurs des grands défis du 21ème siècle, il faut toutefois arrêter de croire que l'explosion technologique seule sera la solution. Comme le faisait très justement remarquer Idriss Aberkane, une croissance exponentielle de la technologie qui ne s'accompagne pas d'une croissance exponentielle de la sagesse nous mènera imparablement dans un mur. En les regardant de façon objective, les progrès technologiques incroyables que l'humanité conçoit actuellement semblent apporter beaucoup plus de dangers que de solutions. Et créent intensément plus de besoins qu'ils n'en comblent…

- L'émergence des crypto-monnaies

Basée sur le concept de la blockchain, l'année 2008 a vu la naissance du Bitcoin, la première crypto-monnaie. Depuis, une multitude d'entre elles ont vu le jour -en janvier 2020, il en existait 2400. Même si la plupart des crypto-monnaies ne valent presque rien, car étant possédées par quasiment personne, certaines d'entre elles comme le Bitcoin, l'Ethereum et le Ripple bouleversent les règles de l'économie mondiale. Elles contournent tous les systèmes financiers traditionnels, ouvrant ainsi la porte à une multitude d'applications, et se présentent comme être des acteurs majeurs de l'avenir de la finance.

À cela se mêle Facebook -avec ses plus de deux milliards d'utilisateurs et son intégrité plus que borderline- qui prévoit de lancer la sienne, la déjà très controversée Diem (anciennement appelée Libra). Un lancement qui, s'il se concrétise, s'annonce comme une puissante bombe à fragmentation qui risque de profondément impacter le monde.

- L'invasion des écrans dès le plus jeune âge

L'une des conséquences majeures de la numérisation du monde est l'invasion des écrans. Alors que pendant très longtemps ils n'existaient tout simplement pas (et tout le monde s'en portait très bien), ils sont devenus en quelques décennies omniprésents et indispensables.

Les ordinateurs, les smartphones, les tablettes, les GPS, les montres connectées, les panneaux publicitaires, les distributeurs d'argent, les caisses enregistreuses, les distributeurs de billets de train, les bornes d'enregistrement à l'aéroport, les écrans d'information, les écrans de contrôle…etc. Aujourd'hui, que ce soit à la maison, dans le monde de l'entreprise, dans les institutions, dans les administrations, dans les lieux publics, dans la rue, dans les véhicules et même à la station-service lorsque nous faisons le plein, les écrans nous accompagnent partout, et à toute heure du jour et de la nuit. Oui, même de la nuit, car de nos jours, combien d'Homo sapiens s'endorment-ils avec leur télé allumée ou les yeux rivés sur leurs portables ou leurs tablettes ? Et, même s'ils sont beaucoup moins nombreux, combien se réveillent la nuit pour voir s'ils ont reçu des messages sur (notamment) WhatsApp, Insta, TikTok ou Snapchat pour éventuellement y répondre ? Cette situation peut peut-être te faire sourire, mais il faut pourtant savoir que c'est ce que font une grande partie des adolescents. Cela pose d'ailleurs un problème sanitaire très grave car, comme tu le sais probablement déjà, le sommeil est un moment crucial pour le repos et la formation des connexions neurologiques. Quelque chose de particulièrement important et actif durant la période de l'adolescence.[9]

À notre époque, il n'est pas rare de voir des parents filer un écran à leurs gamins alors qu'ils attendent leurs plats au restaurant. Et lorsqu'on leur demande pourquoi, ils répondent que c'est la seule solution pour les canaliser. Mais si c'est le cas, comment faisait alors les parents d'il y a 30 ans ?

« Ce que nous faisons subir à nos enfants est inexcusable. Jamais sans doute, dans l'histoire de l'humanité, une telle expérience de décérébration n'avait été conduite à aussi grande échelle »

Michel Desmurget

Bien qu'ils puissent réellement apporter une vraie plus-value dans certains cas, l'invasion des écrans apporte des challenges nouveaux à gérer : addiction, excitation malsaine, baisse de la concentration, lumière bleue (qui perturbe le sommeil) et tendance à une croyance absolue à l'information qui y est délivrée sont la face opposée d'une invention dont peu de personnes réalisent à quel point elle a changé le monde. D'une manière générale, l'invasion des écrans est un gros problème sanitaire. Mais l'exposition massive des enfants aux écrans notamment dès leur plus jeune âge, avant leur 5 ans, est un désastre absolu. On est encore très loin d'imaginer les répercutions que cela aura sur leur construction et leur équilibre personnel ainsi que sur leur vie d'adulte, mais il y a fort à parier qu'elles seront vraiment néfastes. Rendez-vous dans 20 ans…

- L'invasion du fictif au détriment de la réalité

L'imagination et le rire étant l'une des particularités de notre espèce, l'Homo sapiens a toujours placé le divertissement au cœur de sa vie. Musiciens, danseurs, conteurs, comiques, magiciens et troubadours en tout genre ont de tout temps rythmé la vie des différentes civilisations humaines. Mais depuis quelques décennies, il a profondément muté sa façon d'aborder le divertissement pour le transformer en une gigantesque industrie. Une machine à créer des univers virtuels particulièrement bien conçus, comme par exemple ceux de Star Wars, de Marvel, du Seigneur des anneaux ou encore de Game of Thrones. Des écosystèmes complets -films, musiques, produits dérivés, jeux vidéo, parcs d'attraction, rumeurs…etc.- connus et consommés par des milliards de personnes à travers la planète. Suite à cette invasion massive d'un divertissement ultra abouti et complètement addictif, on constate malheureusement que parmi les Homo sapiens d'aujourd'hui, de plus en plus ont une meilleure connaissance de l'irréel et du virtuel que de leur propre Univers. En effet, alors qu'ils en deviennent fans, on ne compte plus ceux qui connaissent tous les détails historiques et techniques d'un univers fictif créé sur mesure par l'industrie du divertissement. Pour reprendre l'exemple de Star Wars, un nombre incalculable de fans connaît absolument tout de cet univers, y compris une multitude de détails improbables comme la taille exacte de l'Étoile de la mort, la matière première utilisée pour la fabrication du pistolaser de Han Solo, la vitesse de croisière de tel ou tel vaisseau ou encore les détails de l'enfance de tel personnage secondaire du film.[10]

Soyons clair, il n'y a évidemment aucun mal à être passionné et fan de *Star Wars* ou de *Game of Thrones* au point d'en connaître sur le bout des doigts tous les détails infimes. Le problème, c'est qu'en parallèle de cela, alors qu'ils en maîtrisent dans les moindres détails tous les éléments de leurs univers virtuels favoris, beaucoup ne connaissent même pas les bases du fonctionnement de leur propre Univers. Le fonctionnement de tous ces écosystèmes dans lesquels ils évoluent et qui, eux, sont bien réels. En effet, n'est-il pas hallucinant de découvrir que plus de 9 % des Français croient "possible que la Terre soit plate et non pas ronde comme on nous le dit depuis l'école" ?[11] Que un quart des américains pensent que c'est le Soleil qui tourne autour de la Terre[12] ou, pire encore, que 7 % des adultes Américains (ce qui en fait quand même plus de 16 millions) pensent que le lait chocolaté provient des vaches marrons ?!?...[13]

Et je ne parle pas ici de comprendre l'importance cruciale des océans et des forêts tropicales dans la régulation et l'équilibre du climat…

- <u>L'individualisation de l'homme et l'artificialisation de ses relations</u>

Aujourd'hui, grâce à son smartphone, n'importe qui peut se connecter avec n'importe laquelle des milliards de personnes qui composent la communauté de Facebook. De même, toujours avec son téléphone, on peut en quelques secondes télécharger l'application Tinder et "choisir" une personne pour passer la nuit (ou plus) juste en swipant à droite sur les profils qui nous plaisent. Je ne parle ici que de deux des plus célèbres plateformes, mais la réalité, c'est que les outils pour se connecter aux autres sont innombrables et les connexions potentielles quasi-infinies. L'avènement des smartphones, des réseaux sociaux et de ces applications de "rencontres jetables" a installé et généralisé un étrange paradoxe où l'on voit tout le monde se connecter virtuellement avec tout le monde et, dans le même temps, se retrouver complètement seuls, les yeux absorbés par cet écran qui tient dans la main. Un écran qui avale le temps, absorbe l'attention et même parfois détruit les neurones. Cet écran d'un smartphone dont la seule vision de la perte ou de l'oubli provoque le plus souvent la panique immédiate de son propriétaire.

Dans ce contexte, alors qu'il y a infiniment plus de personnes que l'on peut potentiellement rencontrer que de temps pour le faire, la tendance générale est de réduire considérablement la profondeur de ses relations ainsi que le niveau de présence avec chacune d'entre elles. Un piège qui pousse ainsi chacun à devenir de plus en plus artificiel, superficiel et individualiste dans la "gestion" de son relationnel…

- La polarisation de nos sociétés

Les réseaux sociaux -et notamment Facebook, Instagram, Twitter, Snapchat, TikTok, YouTube et Pinterest pour ne citer que les plus célèbres- sont tous au cœur d'une nouvelle industrie méconnue : celle de nos données personnelles qu'elles recueillent lors de l'utilisation de leurs plateformes. Et pour développer une rentabilité hors norme, ces entreprises ont développé un modèle de business très malsain et ultra efficace. Pour pouvoir nous retenir le plus longtemps possible scotchés devant les contenus qu'ils diffusent, ces nouveaux géants économiques ont développé un système de "bulle de filtres"[14]. Grâce à de puissants algorithmes en évolution perpétuel, ils nous fournissent à l'infini une information sur mesure qui correspond exclusivement à ce que l'on veut voir et entendre ; renforçant chaque jour un peu plus nos croyances, quelles qu'elles soient…

En conséquences, chaque utilisateur d'un réseau social aura tendance à développer la certitude régulièrement entretenue et amplifiée que ses points de vue sont LA vérité. Ceci ayant souvent pour finalité de penser que tous ceux qui ne pensent pas comme lui ont forcément tort. Il n'existe pas de meilleur moyen pour diviser de l'intérieur les sociétés et préparer ainsi le terrain à de violentes guerres civiles…

Pour en savoir plus sur ce sujet crucial et plus que problématique, prends le temps de lire ''Facebook, la catastrophe annoncée'' de Roger McNamee , de regarder ''Derrière nos écrans de fumée'' sur Netflix et de visiter thesocialdilemma.com.

- L'essor de la criminalité

Dans notre monde de plus en plus dur, l'argent vaut mécaniquement de plus en plus cher. Cela entraîne un essor massif d'une criminalité qui touche souvent avant tout les plus faibles et les moins avertis. Un essor accentué par une numérisation du monde qui a envahi notre quotidien et dont seulement un infime pourcentage de la population n'en maîtrise les bases élémentaires. Dans son excellent livre ''Les crimes du futur'', Marc Goodman estime que le pourcentage du PIB mondial ayant des sources d'origines criminelles devrait doubler dans les décennies à venir…

- La fin de la vie privée

Ces dernières décennies, l'évolution exponentielle des technologies et de nos moyens de communication a offert au mot ''surveillance'' une dimension complètement nouvelle. Reconnaissance faciale et comportementale, géolocalisation de nos ordinateurs, GPS et téléphones portables, lecture automatisée des plaques d'immatriculation, paiements par carte bancaire, messageries et communications téléphoniques, activités sur les réseaux sociaux, objets connectés, jeux et applications diverses sur nos mobiles, requêtes sur les moteurs de recherche, achats sur des sites, visionnages de vidéos sur YouTube, navigateurs web et boîtes mail -pour ne citer que quelques exemples- façonnent le profil personnel de chaque individu. Tous nos comportements sont ainsi traqués, identifiés, sauvegardés, analysés et regroupés ensemble. De la plus anodine à la plus pertinente, l'ensemble de ces quantités hallucinantes de données que nous produisons quotidiennement forme au final un portrait ultra précis de chacun d'entre nous. De notre état émotionnel passager à nos traits de caractère intimes en passant par nos habitudes de vie et de consommation, nos goûts, nos influences, nos relations, nos opinions politiques, nos aspirations spirituelles ou encore nos orientations et excitations sexuelles, rien ne manque !

Depuis les attentats du 11 septembre 2001, de nombreuses lois ont été opportunément votées afin de légaliser et d'augmenter ces prises de renseignements et de données en tout genre. Dans le but de nous offrir, selon leur dire, plus de sécurité, certains dirigeants prennent des décisions qui nous amènent inexorablement vers un monde ultra connecté et sous une surveillance massive et permanente. Ces montagnes colossales de données récoltées et regroupées sont alors conservées dans le temps et forment une sorte d'ombre numérique personnelle qui grossit chaque jour un peu plus et nous suit à la trace, indéfiniment. Mais le pire est peut-être à venir : à chaque crise majeure, les gouvernements de tous les pays profitent du choc et des peurs qu'elle génère pour imposer encore plus de lois liberticides. Notamment en France où la très forte émotion liée aux attentats terroriste de 2015 a permis la mise en place un état d'urgence temporaire ... devenu depuis permanent. On attend donc avec impatience de découvrir toutes les lois qui vont, au nom de la protection de notre santé, émerger suite à la pandémie du COVID 19 ! (qui, à l'heure où j'écris ces lignes, vient de démarrer)

L'une des conséquences malsaines et malheureuses de tout cela est qu'un enfant -quel qu'il soit- qui naît aujourd'hui grandira et passera sa vie entière sans aucune vie privée ni intimité personnelle. Durant toute son existence, toutes ses idées, ses expériences, ses erreurs, ses pensées, ses centres d'intérêts, ses actions, ses succès, ses échecs, ses opinions et ses émotions seront suivis analysés, stockés et échangés par une multitude de personnes, d'entreprises, d'institutions et d'agences gouvernementales dont il ignore jusqu'à l'existence même. Mais comme le souligne très justement Edward Snowden, l'essence même de l'être et de la personnalité de tout être humain ne peut se construire sans intimité ni vie privée.[15]

« Dire que l'on se fiche du droit à la vie privée sous prétexte que l'on n'a rien à cacher serait comme déclarer que l'on se fiche du droit à la liberté d'expression sous prétexte que l'on n'a rien à dire. »

Edward Snowden

- <u>Le basculement des centres de gravité des différents pouvoirs qui façonnent le monde.</u>

L'un des changements majeurs de ces dernières décennies est le basculement des centres de gravité des différents pouvoirs qui façonnent le monde. De l'ouest, il bascule vers l'est. Des côtes atlantiques, il bascule vers les côtes pacifiques. Des États, il bascule vers les multinationales. Des multinationales dont celles du numérique et des nouvelles technologies qui, en à peine 20 ans, ont bousculé le jeu économique mondial, détrônant les toutes puissantes industries de la finance et des énergies fossiles (mais qui se portent quand même très bien, ne t'inquiète pas). Sans parler de toutes ces nombreuses communautés souterraines et silencieuses qui, grâce à leurs ramifications internationales et aux ressources humaines et financières considérables qu'elles détiennent, placent leurs pions à chaque fois qu'elles le peuvent.

Et au milieu de tous ces chamboulements, on peut voit l'Europe vieillir et s'effondrer sur son propre poids alors, qu'en plus de l'Inde et de la Chine, émergent des pays à fort potentiel tels que le Mexique, le Brésil, l'Afrique du Sud, la Turquie, la Thaïlande, le Vietnam, l'Indonésie.

- La course à l'armement

Toutes ces choses ont notamment pour conséquence une course à l'armement qui reprend de plus belle avec, plus que jamais, sa fusion avec les nouvelles technologies. Alors que l'utilisation des drones est déjà largement répandue, des concepts assez effrayants comme celui des robots-tueurs équipés de reconnaissance faciale font désormais leur apparition…

« On ne prépare pas la paix en préparant la guerre, on prépare la paix en travaillant à la paix. »

Jean-Luc Mélenchon

- L'émergence de l'intelligence artificielle

"D'ici 2035, on ne verra plus la différence entre un homme et un robot". Cette prédiction effrayante est attribuée par David Hanson, PDG de "Hanson Robotics", l'une des boîtes les plus brillantes de l'industrie de la robotique. Une industrie unique qui dessine une croissance ultra rapide et dont le volume des connaissances, à l'heure où j'écris ces lignes, double pratiquement tous les ans ! (Prends quelques secondes pour relire cette dernière phrase et essayer d'en saisir le sens et toutes les conséquences.)

Drivée par des algorithmes d'une complexité redoutable, l'intelligence artificielle envahit ainsi chaque jour un peu plus nos vies. Depuis la nuit des temps, ce sont des hommes qui assurent les services pour les autres hommes. Pourtant, depuis hier, nous retirons de l'argent ou achetons notre billet de train sur un distributeur automatique. Aujourd'hui, un hôtel de Nagasaki au Japon accueille ses clients exclusivement avec les premières générations de robots intelligents.[16] Pendant ce temps, une intelligence artificielle fabriquée par Google gagne contre Lee Se-Dol, le champion du monde du jeu de Go.[17] Chaque jour qui passe, l'IA envahit un peu plus nos vies. Et demain, toutes les tâches -des plus banales aux plus complexes et spécifiques- seront effectuées par des robots capables d'interactions et de réflexion. Demain, c'est dans à peine 10 à 20 ans.

Après-demain, les humanoïdes seront partout. Et, d'après David Hanson, ils ressembleront tellement aux humains que l'on va les confondre avec. (À toi d'imaginer à quoi un monde tel que celui-là pourrait ressembler…)

Derrière ces avancées scientifiques et technologiques majeures se profilent des changements économiques, politiques, culturels et sociétaux à la fois considérables et irréversibles. Ils s'accompagnent de questions d'éthique et d'enjeux inédits. Notre monde n'est pas juste en train de changer, il est en train de radicalement se transformer. Dans un monde qui confond déjà de plus en plus la règle et l'humain, que se passera-t-il lorsque demain tous les services y compris l'Information, la Santé, l'Éducation, la Police et l'Armée seront assurés par des robots ?

« Réussir à créer une intelligence artificielle serait le plus grand événement dans l'histoire de l'homme !
… Mais ce pourrait aussi être le dernier. »

Stephen Hawking

- <u>Le séquençage du génome humain</u>

Suite au programme "projet génome humain" entrepris en 1988, le 21ème siècle s'est ouvert sur un événement scientifique majeur :

le séquençage et l'assemblage du génome humain.[18] Cette explosion des connaissances génétiques en perpétuelle croissance ouvre la voie à de nombreuses technologies et applications. Des innovations qui défient les règles éthiques élémentaires telles que nous les avons toujours connues et ressenties. Et parmi ces applications, il y a notamment "l'homme augmenté"…

- L'avènement du transhumanisme

L'évolution exponentielle des technologies dites NBIC (N pour "Nanotechnologies", B pour "Biotechnologies", I pour "technologies de l'Information", C pour "sciences Cognitives") laisse envisager dans un futur très proche une transhumanisation de nos civilisations. Le transhumanisme, ce courant de pensée devenu lobby, prône une utilisation de la technologie pour améliorer la santé, réparer le corps, ou même accroître les capacités physiques, mentales, émotionnelles et reproductives de l'être humain.

L'hybridation entre l'homme et la machine est en marche, et toutes ces technologies qui se développent vont bouleverser en quelques générations absolument tous nos rapports au monde. Cet homme augmenté qui n'était depuis toujours que pure fiction, devient à l'aube du 21ème siècle une réalité de plus en plus présente. Aujourd'hui, la science permet déjà de choisir la couleur des yeux, des cheveux ou encore le sexe de notre futur bébé. À l'image du film dystopique Matrix, est-ce que nos bébés naîtront demain dans des utérus artificiels ?

- Une déconnexion de l'homme avec la Nature

La plupart des religions ont imposé l'idée que l'homme avait vocation à dominer les animaux et la Nature. Une idée sur laquelle se sont bâties toutes nos civilisations et qui a notamment eu pour conséquence que l'homme s'est progressivement déconnecté de tous les écosystèmes dont il est pourtant issu. Pour une multitude de raisons principalement basées sur des histoires d'ego, de pouvoir et d'argent, il s'est progressivement enfermé dans une spirale vicieuse de destruction de la Nature. On peut en dire et penser ce que l'on veut, mais la réalité, c'est que si on observe factuellement la situation, le constat est sans appel : notre espèce a aujourd'hui déclaré la guerre à la Nature et, par la même occasion, met en scène sa propre extinction. À cause des systèmes économiques qu'elle a créés et qui aujourd'hui gèrent le monde, elle gaspille et détruit systématiquement toutes les ressources naturelles de notre planète. La connexion avec la Nature étant l'élément premier indispensable à sa quête spirituelle, en ce sens, on peut dire que la religion a, paradoxalement, incontestablement éloigné l'Homme de la spiritualité.

« Si on observe factuellement la situation, le constat est sans appel :

Notre espèce a aujourd'hui déclaré la guerre à la Nature et, par la même occasion, met en scène sa propre extinction. »

Gérald Vignaud

- <u>Une maltraitance animale abjecte et insupportable</u>

Dans la continuité de sa déconnexion avec la Nature, l'Homo sapiens a, au fil du temps et alors qu'il en a visiblement oublié qu'il en était pleinement issu, dominé de plus en plus sauvagement le règne animal. Quels qu'ils soient, les animaux avec qui nous partageons la planète sont devenus à la fois des spectateurs impuissants et des victimes de la folie de notre espèce qui les classe uniquement dans l'une de ces deux catégories : **utile** ou **nuisible**.

➢ Si l'animal est jugé **utile**, l'Homo sapiens l'asservit par tous les moyens à sa disposition, inventant même pour l'occasion des procédés infects inimaginables. Si tu veux un exemple de ce dont je parle, tape "vaches à hublot"[19] sur YouTube. (Si si, il s'agit bien de ce à quoi tu penses.) Notre espèce a même poussé l'abominable jusqu'à l'extrême en institutionnalisant massivement la production et la maltraitance animale. Sur la Terre, ce sont aujourd'hui près de 1 000 000 000 000 (oui, 1 000 milliards, soit 12 zéros après le 1, soit 1 millions de millions) d'animaux qui sont "produits" et/ou assassinés ultra violemment tous les ans uniquement pour le seul plaisir de nos papilles. À titre informatif, les 1 000 milliards se répartissent de la sorte : environ 100 milliards d'animaux terrestres et environ 900 milliards d'animaux marins.

➢ Si l'animal est jugé **nuisible**, alors il l'extermine, purement et simplement.

On peut en dire ce que l'on veut mais, à ce jour, l'Homo sapiens n'est pas en mesure de prouver de manière formelle qu'à l'échelle et aux yeux de l'Univers la vie d'une vache, d'un poulet ou même d'une libellule ait moins de valeur que la sienne. Même si la maltraitance animale n'est pas un phénomène nouveau, en témoigne la fable de Jean de la Fontaine "L'homme et la couleuvre"[20], elle s'est institutionnalisée, industrialisée et profondément atrocifiée depuis ces dernières décennies. **Il est urgent que cela cesse !**

« Dans les relations avec les animaux, la plupart des gens sont des nazis et pour les animaux, c'est un éternel Treblinka. »

Isaac Bashevis Singer, 1902-1991.

- <u>Des virus "venus de nulle part" qui émergent par surprise du jour au lendemain</u>

Pour ceux qui jusque-là en doutaient encore, l'émergence et la diffusion fulgurante du COVID 19 à travers la planète, l'a définitivement prouvé : un minuscule virus de quelques dizaines de nanomètres peut complètement bouleverser l'équilibre du monde en seulement quelques semaines. Un virus qui peut être créé artificiellement par l'homme (et diffusé intentionnellement ou non), créé naturellement et transmis d'un animal vers l'homme (avec au passage une éventuelle jolie mutation) ou encore libéré des glaces du permafrost par le réchauffement de notre planète… (voir page 72)

- <u>Un effondrement écologique majeur qui s'annonce chaque jour un peu plus inéluctable</u>

Il est généralement très difficile pour une majorité de personnes de réaliser -et encore plus d'évaluer- correctement l'avancement du délabrement écologique que subit notre planète. Chacun considérant le cadre dans lequel il a grandi comme la référence qui sert à mesurer les dégradations environnementales, la perception est biaisée d'avance… En effet, comment un enfant qui n'a jamais couru dans les bois peut-il réaliser que la forêt est abîmée ? Comment un habitant de la campagne qui voit quelques dizaines d'oiseaux par jour dans son ciel rural peut-il s'imaginer qu'il y a seulement 200 ans, ses ancêtres en apercevaient plusieurs centaines exactement au même endroit ? Comment un habitant de Paris, Shanghai ou New York peut-il visualiser qu'à l'emplacement même de toutes ces immenses tours d'acier et de ce béton omniprésent s'élançaient, il y a seulement quelques milliers d'années, de vastes étendues boisées peuplées d'animaux et exemptées de toute chimie et pollution ? Des milliers d'années qui, rappelons-le, ne correspondent qu'à une fraction de seconde à l'échelle de l'âge de la Terre.

Et pourtant, comme nous le verrons plus en détails dans la 2ème partie du livre, l'effondrement écologique auquel notre planète fait face est déjà bien enclenché et va s'accélérer de plus en plus. Nous sommes à l'aube d'une nouvelle ère où toutes les règles qui ont toujours fait tourner le monde deviendront obsolètes. Un monde nouveau et complexe qui fonce à vive allure et à bord duquel personne ne semble être en mesure de tenir les commandes.

« Je vous souhaite à tous, à chacun d'entre vous, d'avoir votre motif d'indignation. C'est précieux. Quand quelque chose vous indigne, comme j'ai été indigné par le nazisme, alors on devient militant, fort et engagé. On rejoint le courant de l'histoire et le grand courant doit se poursuivre grâce à chacun de nous. »

Stéphane Hessel

Plus que jamais, il nous faut, individuellement et collectivement, trouver une boussole. Un guide qui nous donne la bonne direction à prendre. Et si ce guide était tout simplement de se reconnecter aux bases de la vie qui sont *Aimer*, *Grandir* et *Donner* ?

Ne l'oublions pas : comme au Monopoly, dans la vie, à la fin de la partie, tout retourne dans la boîte. Absolument tout ! Nos possessions, notre statut social, nos succès, notre ego… Au final, la seule chose qui restera quand nous serons partis, c'est ce que nous avons aimé, donné et transmis.

Si ces mots résonnent en toi, que penses-tu alors de prendre un moment pour y réfléchir ?

Quel est réellement le sens de la vie ? Au-delà de mon quotidien, si je prends un peu de recul et que je la regarde avec la dimension spirituelle qu'elle mérite, qu'est-ce qui est, d'après moi, réellement important ?

Que signifie réellement pour moi **Aimer** ?

_____
_____
_____
_____
_____
_____
_____
_____
_____
_____

Que puis-je changer aujourd'hui dans ma vie pour y intégrer plus d'amour ?

_____
_____
_____
_____
_____
_____
_____
_____
_____
_____
_____
_____

Que signifie réellement pour moi **Grandir** ?

_____
_____
_____
_____
_____
_____
_____
_____
_____
_____
_____
_____

Que puis-je changer aujourd'hui dans ma vie pour y intégrer plus de croissance personnelle et spirituelle ?

_____
_____
_____
_____
_____
_____
_____
_____
_____
_____
_____
_____
_____
_____

Que signifie réellement pour moi **Donner** ?
_____
_____
_____
_____
_____
_____
_____
_____
_____
_____
_____

Que puis-je changer aujourd'hui dans ma vie pour y intégrer plus de contribution ?
_____
_____
_____
_____
_____
_____
_____
_____
_____
_____
_____
_____

Et puisque l'on parle de contribution, interroge-toi :

Le monde dans lequel on vit me plaît-il ?

☐ Oui ☐ Non

Pourquoi ?
___
___
___
___
___
___
___
___
___
___
___
___
___
___
___
___
___
___
___
___

Qu'est-ce que j'aimerais y apporter comme plus-value ?

Serais-je prêt à envisager la possibilité de vouer ma vie à quelque chose de plus grand que moi ? Et si oui, qu'est-ce que cela serait ? Comment pourrais-je impacter positivement le monde, que ce soit à l'échelle de ma communauté ou de la planète ?

_____
_____
_____
_____
_____
_____
_____

« Qui que nous soyons, nous ne sommes qu'à une décision de faire quelque chose qui peut changer le monde ! »

Edward Snowden

_____

Voir sa vie comme quelque chose de bien plus grand que soi !

Viktor E. Frankl, l'auteur de "Découvrir un sens à sa vie", témoigne notamment de son expérience des camps de concentration en ces mots : « Il fallait que nous montrions à ceux qui étaient en proie au désespoir que l'important n'était pas ce que nous attendions de la vie, mais ce que nous apportions à la vie. »

« L'important n'était pas ce que nous attendions de la vie, mais ce que nous apportions à la vie ! » Et si c'était ça à la fois l'objectif et la solution ? Je crois profondément que la vraie valeur d'une personne ne se décèle pas à ce qu'elle gagne et possède mais à ce qu'elle contribue et apporte dans la vie des autres et pour la planète. Peut-être que l'un des objectifs de la vie serait de la vouer à quelque chose de plus grand que soi ?

Peut-être que si tu as l'impression d'être né dans un monde qui ne te correspond pas, c'est parce que tu es venu pour contribuer à en créer un nouveau ?

Aujourd'hui, nos écosystèmes sont en danger et plus que jamais, notre Terre a besoin qu'on l'apprenne, qu'on la comprenne, qu'on l'aime et que l'on se donne pour elle. Du coup, ça tombe bien, puisque ça correspond aux buts profonds de toute vie, y compris la tienne...

Comme pour chacun, un jour, la mort frappera à ta porte. Cela risque bien d'être une expérience unique, puissante et extraordinaire. Probablement la plus intense de toute la Vie. Et ce jour-là, les seules questions qui compteront vraiment seront :

- o Qu'est-ce que j'ai fait de ma vie ?
- o Qui et comment ai-je aimé ?
- o Qu'ai-je appris et compris ?
- o Qu'ai-je donné ? À quoi est-ce que j'ai contribué ?
- o Qu'est-ce que je laisse en héritage à cette planète qui m'a accueilli ?

« Je veux d'l'amour, d'la joie, de la bonne humeur,
C'n'est pas votre argent qui f'ra mon bonheur,
Moi j'veux crever la main sur le cœur...»

Zaz

Partie 2

—

Nous avons tous la responsabilité morale
de protéger et de préserver notre planète

> « La construction d'une terre habitable pour tous
> sera le plus grand défi du 21ème siècle. »
>
> *Vincent Cosmao*

Au tout début de l'Univers, il y a environ 13 500 000 000 (13,5 milliards) d'années, il y aurait eu le Big Bang. Un événement mystérieux qui provoqua une explosion aussi soudaine que colossale. Une énergie considérable, inimaginable pour un esprit humain, se serait répandue dans l'espace en une fraction de temps tellement infime qu'elle nous en serait, elle aussi, inconcevable. Le Big Bang donna ainsi naissance à la Lumière, à l'Espace, au Temps et à la Matière.

Ensuite, dans les 9 000 000 000 (9 milliards) d'années qui ont suivi et avant même la naissance de la nôtre, un nombre incalculable d'autres étoiles sont apparues. Elles sont nées, ont vécu et, pour beaucoup d'entre elles, se sont déjà éteintes. Dans cette multitude de mondes potentiels, il est fort probable qu'un nombre inimaginable de formes de vie d'une incroyable diversité a émergé. Des formes de vie qui se sont développées, ont évolué et, pour probablement l'immense majorité d'entre elles, ont déjà disparu.

Et puis, il y a environ 4 500 000 000 (4,5 milliards) d'années, advint la naissance de notre étoile, le Soleil. Une étoile moyenne d'une extrême banalité ressemblant à plusieurs centaines de milliards d'autres étoiles, perdue en périphérie de sa galaxie, la Voie lactée. La Voie lactée étant aussi elle-même une galaxie d'une banalité troublante et qui erre ainsi dans un Univers démesuré qui en abriterait, d'après les dernières estimations scientifiques, près de 400 000 000 000 000 (400 000 milliards).

À ce propos, avec un minimum de 100 000 000 000 (100 milliards) d'étoiles par galaxie sur les 400 000 000 000 000 (400 000 milliards) de galaxies qui existeraient, cela fait 40 000 000 000 000 000 000 000 (40 quadrillions[21], soit 40 millions de milliards) d'étoiles dans l'Univers, chacune ayant potentiellement autour d'elle une ou plusieurs planètes en orbite. Bien entendu, on ne compte ici que les étoiles qui sont encore vivantes en excluant celles qui sont mortes et déjà éteintes depuis longtemps et dont la quantité est très probablement beaucoup plus grande. À l'analyse objective de ces données empiriques, une déduction s'impose : la possibilité que nous soyons le centre d'un Univers qui a été exclusivement créé pour nous, les Homo sapiens, est statistiquement absurde. Une probabilité tellement infime qu'elle est très probablement égale à zéro.[22]

« L'Homme est infiniment grand par rapport à l'infiniment petit et infiniment petit par rapport à l'infiniment grand ; ce qui le réduit presque à zéro. »

Vladimir Jankélévitch

Notre étoile ainsi que ses huit planètes, dont la Terre, sont donc nées il y a 4 500 000 000 (4,5 milliards) d'années. Et c'est 700 000 000 (700 millions) d'années plus tard que les premières formes de vie, sous forme de bactéries monocellulaires, sont apparues sur la Terre, dans les océans. Une très lente et très complexe évolution parsemée ici et là d'une multitude d'embuches et d'extinctions en tout genre a vu l'émergence d'une multitude de formes de vie dont l'immense majorité est aujourd'hui éteinte. Il y a environ 7 000 000 (7 millions) d'années, les premiers Hominidés -des singes se tenant sur deux pattes- apparurent. S'il ne faut retenir qu'une seule chose de cela, c'est qu'entre l'apparition des premières formes de vie, il y a 3 800 000 000 (3 milliards 800 millions) d'années et l'émergence des premiers hominidés, il y a 7 000 000 (7 millions) d'années, il s'est écoulé 3 793 000 000 (3 milliards 793 millions) d'années.

Depuis ces derniers 7 millions d'années, plusieurs espèces d'hominidés se sont succédées[23] et, pour certaines, se sont même croisées avant l'apparition de la nôtre : l'Homo sapiens. Notre espèce serait apparue il a environ 300 000 ans, soit 3 799 700 000 (3 milliards 799 millions 700 mille) années après l'apparition de la vie sur Terre.

Jusqu'ici, que ce soit pour l'Homo sapiens ou pour n'importe laquelle des autres espèces animales qui ont foulé le sol de la Terre, tout se passait relativement bien. Chacun y vivait en connexion avec la Nature et son immense variété d'écosystèmes et, hormis les cas très particuliers -du genre un météorite de dix kilomètres de diamètre qui percute la Terre au large de la péninsule du Yucatan, dans l'actuel Mexique[24]-, il y régnait un équilibre absolument parfait.

Le premier basculement majeur de cet équilibre advint il y a environ 12 000 ans avec l'avènement du néolithique. L'Homo sapiens se sédentarise et invente l'agriculture et l'élevage, démarrant ainsi sa domination sur la Nature et les animaux. Près de 12 000 ans se sont écoulés depuis. 12 000 années durant lesquelles il a développé les civilisations et tout ce qui va avec : la possession, le pouvoir, la guerre, l'esclavage, les religions, l'art, les sciences, le commerce, l'argent, l'écriture, la bureaucratie, les administrations, le droit, la justice, la médecine … etc. Malgré les aléas des guerres, des épidémies et des famines qui ont jonché l'histoire de l'humanité, elle s'est ainsi multipliée de façon plus ou moins régulière jusqu'à atteindre 1 milliard d'individus début 1800. Alors que le nombre de ses représentants commençait à devenir conséquent, son très faible impact sur ses écosystèmes lui permettait toutefois de garder malgré tout un équilibre suffisant pour continuer à s'y intégrer parfaitement.

Le deuxième basculement majeur de cet équilibre advint au milieu du 19ème siècle, le 27 août 1859 précisément. Une journée d'été qui donna naissance au premier forage pétrolier de l'histoire des Hommes ! Le pétrole, cette énergie hautement concentrée et si facilement transportable, fut le déclencheur ultime qui démultiplia et accéléra tout d'une manière exponentielle. Il changea profondément le visage du monde, pour toujours. Très rapidement, toutes les industries, sans aucune exception, furent complètement bouleversées par l'avènement du pétrole. Grâce à lui, l'Homo sapiens connaît depuis une période d'abondance matérielle démentielle dont l'une des principales conséquences fut son explosion démographique :

- Début 1800, la barre des 1 milliard d'habitants est franchie.
- En 1927, celle des 2 milliards.
- En 1960, nous sommes 3 milliards. À ce moment, le processus s'accélère encore plus.
- En 1974, nous sommes déjà 4 milliards.
- Dans les années 80 on dépasse le cap de 5 milliards.
- À l'orée du 21ème siècle, en 1999, nous sommes 6 milliards.
- En 2011, le seuil des 7 milliards d'habitants est franchi.
- En 2020, la population avoisine les 7,7 milliards d'individus. Soit, en moins de 10 ans, 700 000 000 (700 millions) de personnes en plus : un peu plus de deux fois l'équivalent de la population des États-Unis !
- Avec une population qui augmente actuellement de **80 millions d'individus chaque année**, les projections estiment une population de 8 milliards de personnes en 2025 pour ensuite atteindre entre 9,5 et 10 milliards autour de 2050.
- Enfin pour 2100, la population mondiale devrait, selon les projections des différents scénarios envisagés -excepté celui d'un effondrement écologique majeur-, se situer entre 10 et 25 milliards d'habitants.

Comme déjà évoqué plus haut, la raison principale de cette croissance inédite est très simple : l'avènement des progrès économiques et sanitaires apportés par le pétrole ainsi que la croissance du volume de connaissances. Cela a eu pour conséquences directes un allongement de la durée de vie mais surtout une importante baisse de la mortalité infantile, celle-ci augmentant ainsi mécaniquement le nombre de personnes en âge de procréer. Et cette explosion démographique exponentielle démultiplie d'autant notre impact sur les écosystèmes de notre planète.

« La pollution pose des questions nouvelles qu'il nous faut absolument affronter. Il s'agit de la vie sur terre et c'est notre devoir à tous, l'espèce humaine, de la préserver. »

Albert Jacquard

Le 21ème siècle, un moment très spécial de notre histoire

Alors que l'humanité en consomme **quotidiennement** plus de 95 millions de barils[25] (pour info, un baril équivaut à 159 litres), le pétrole est devenu la pierre angulaire de toute la géopolitique mondiale. Transports, industries, agriculture, pétrochimie… etc. Que ce soit d'une manière directe ou indirecte, le pétrole se cache absolument partout dans notre quotidien et toutes nos civilisations en sont devenues addictes. Un pétrole dont les conséquences de l'avènement ont définitivement fait basculer notre planète dans un déséquilibre écologique majeur. Un déséquilibre qui, démultiplié par notre explosion démographique exponentielle, s'accélère chaque jour un peu plus.

Et enfin, afin de complexifier encore plus la situation de ce monde devenu hors de contrôle, un troisième basculement majeur émergea récemment, vers la fin du 20ème siècle. Un duo, pour être plus précis, deux frères jumeaux qui avancent main dans la main : l'invention (et l'essor) d'Internet ainsi que la numérisation du monde.

Parmi les effets positifs de l'invention d'Internet et de la numérisation du monde, il y a la naissance d'un cerveau collectif planétaire engendrant l'émergence d'une explosion des connaissances et des technologies. Le monde scientifique et industriel est en effervescence et des percées majeures voient quotidiennement le jour dans des domaines aussi divers et variés que la génétique, la médecine, les biotechnologies, le clonage, les sciences cognitives, les nanotechnologies, l'informatique, le cloud, les objets connectés, les hologrammes, la réalité augmentée, la réalité virtuelle, l'intelligence artificielle, la reconnaissance vocale, faciale, physionomique et comportementale, la robotique, les voitures autonomes, les drones, ou encore l'impression 3D.

Mais hélas, chaque médaille ayant toujours deux faces, une explosion exponentielle de la technologie, si elle ne s'accompagne pas de la sagesse qui va avec, nous mènera imparablement à notre perte. Un manque de sagesse magnifiquement illustré par toute une partie de ces "visionnaires" de la Silicon Valley. À l'image de Peter Diamandis, ils rejettent d'un revers de la main les dangers des challenges écologiques actuels en nous expliquant qu'il ne faut pas s'en faire, que les découvertes technologiques de demain -sans d'ailleurs préciser lesquelles- les résoudront tous.[26] Vu qu'une immense partie du pouvoir de décision de la direction que prend actuellement le monde est entre leurs mains, espérons que leurs intuitions sont bonnes. Mais que se passera-t-il s'il s'avère qu'ils ont tort ?

Notre futur collectif est-il péril ou opportunité ? À l'heure où j'écris ces lignes tout est encore ouvert, bien qu'il semble que la balance ne penche de plus en plus, dangereusement et de façon irrémédiable, du côté du péril.

L'exploitation massive des énergies fossiles (pétrole, gaz, charbon) ainsi qu'une évolution exponentielle des technologies se développent donc depuis plusieurs décennies sur notre fragile petite planète bleue. Nos civilisations sont enveloppées dans une puissante idéologie mondiale de croissance économique infinie habilement verrouillée et entretenue par des intérêts très puissants. En ce début du 21ème siècle, la pression que nous exerçons sur les ressources de notre planète -

mathématiquement démultipliée par notre explosion démographique sans précédent- est gigantesque et, alors qu'il serait urgent qu'elle ralentisse, elle tend au contraire à s'accélérer de plus en plus.

« Notre système de pensée détruit notre environnement, il faudrait changer notre manière de penser pour le protéger. »

Steve Lambert

Les challenges écologiques présents et à venir sont multiples et très variés. Aujourd'hui, quasiment presque plus aucun endroit de la Terre n'est épargné et les défis liés à la sauvegarde de notre planète sont très nombreux. Il est plus que jamais urgent d'en prendre conscience et d'agir. Depuis 160 ans, nous sommes en train de briser un équilibre qui a mis 4 500 000 000 (4,5 milliards) d'années à se construire. Mais, même si beaucoup de choses sont déjà irréversibles, il n'est pas encore trop tard pour réagir car nous pouvons encore limiter la casse. Nous devons nous engager, chacun à notre niveau, à tout faire pour réparer et préserver ce qui peut encore l'être. Nous n'avons pas d'autre choix car, en l'état, **nous fonçons tout droit vers un effondrement écologique** majeur aux conséquences dramatiques. C'est une responsabilité morale que nous avons, envers nos enfants et toutes les générations à venir.

Les grands défis écologiques du 21ème siècle

En ce début de 21ème siècle, l'Homo sapiens se réveille donc dans un monde inédit et de plus en plus complexe. Complètement accro au pétrole et au numérique, il doit rapidement faire face à de très nombreux défis écologiques. Des défis écologiques qui sont, d'une manière ou d'une autre et de près ou de loin, tous liés et interconnectés entre eux. En voici les principaux accompagnés d'un rapide descriptif :

- <u>Le dérèglement climatique</u>

Le dérèglement climatique est une augmentation de la température de l'atmosphère provoquée par l'effet de serre. Quand les radiations solaires nous parviennent, la Terre en renvoie une partie. Mais lorsque la concentration des gaz à effet de serre -dioxyde de carbone (CO_2), méthane (CH_4), protoxyde d'azote (N_2O) et gaz fluorés (HFC, PFC…)- augmente dans l'atmosphère, notre planète perd alors de sa capacité à renvoyer une partie de ces radiations solaires, provoquant ainsi mécaniquement une augmentation de la température. Ces quelques degrés en plus bouleversent complètement le fonctionnement même de nos écosystèmes et déclenchent, amplifient et/ou complexifient certains des autres grands défis écologiques du 21ème siècle.

Le dérèglement climatique est principalement provoqué par le transport (routier, maritime et aérien), l'ensemble de nos industries et l'élevage intensif (le méthane dégagé par les flatulences des bovins). Il est notamment accentué par une déforestation massive, une acidification de nos océans (qui détruit le plancton) et la fonte des glaces (le blanc reflète et renvoie la chaleur du soleil dans l'espace). Ce sont les activités humaines, boostées par la course folle de l'économie de marché et d'une croissance censée être infinie, qui ont engendré ce processus. Bien qu'il soit devenu maintenant impossible de le stopper, nous devons tout faire pour le limiter au maximum. Car comprenons le bien : **il s'agit d'une question de survie, rien de moins.** Mais à l'heure où j'écris ces lignes, l'humanité est malheureusement plutôt en train de prendre la direction opposée…

À ce propos, parmi toutes les autres merdes qu'il a tweetées, un certain président américain malsain, psychologiquement perturbé, démagogue et particulièrement égocentré a notamment écrit que "S'il fait un peu plus chaud ? Chouette, on ira plus souvent à la plage !". Si, comme lui, tu fais partie de ces gens qui pensent que si notre planète se réchauffe de quelques degrés ce n'est pas si grave, interroge-toi : et si c'était la température de ton corps qui augmentait de 2 degrés, vivre en permanence avec 39° de fièvre te serait-il agréable ? Et si ce n'est pas 2 mais 4 degrés d'augmentation, vivre en permanence avec 41° de fièvre te serait-il supportable ?

J'espère que tes enfants et toi avez tous répondu ''Oui'' à ces deux questions car c'est ce qui attend notre planète d'ici à peine la fin du siècle…

« Au lieu de vouloir Terraformer la planète Mars[27], ne serait-il pas, à la place, beaucoup plus judicieux d'essayer de ne pas Vénusformer la planète Terre ?[28] »

Gérald Vignaud

- <u>La géo-ingénierie</u>

Pour solutionner la crise climatique que nous vivons actuellement, il ne nous est offert que trois possibilités :

- o Changer notre mode de vie

- o S'adapter aux changements climatiques

- o Intervenir sur le climat

Bien que ce soit la plus cohérente et la plus accessible, la solution de ''changer notre mode de vie'' implique trop de choses pour trop de gens pour être, à ce jour, sérieusement prise en compte.

La deuxième solution qui est de s'adapter au dérèglement climatique coûtera -de très loin- beaucoup plus que les bénéfices apportés par cette croissance industrielle et économique qui l'a fait naître.

Depuis quelques années, la troisième hypothèse, intervenir sur le climat, est envisagée et commence même dans certains cas à être appliquée grâce à un ensemble de techniques qui visent à le manipuler et le modifier artificiellement. On appelle cela la géo-ingénierie ! L'avantage de cette solution est qu'elle ne va pas à l'encontre des puissants lobbys des énergies fossiles et ne réduit en rien -à court terme et en apparence du moins- le mode de vie des habitants de la planète, donc de l'opinion publique. C'est d'ailleurs pour cette raison que certaines forces politiques s'y intéressent, appuyées derrière par des personnes qui misent sur une promesse de gains et de profits colossaux. Lors de la COP 25 de Madrid en 2019, l'idée a même pris une ampleur encore plus grande lorsque certains se sont publiquement interrogés s'il était judicieux de (tenter de) manipuler les océans par la géo-ingénierie.[29] Ne nous y trompons pas, ceci n'est que la première étape d'un schéma de communication ultra classique. On pose une idée sur la table pour commencer à la rendre familière. L'objectif étant, d'ici quelques années, de la rendre acceptable, puis normale pour enfin la faire apparaître comme indispensable aux yeux de l'opinion publique. Mais dans le cas de la géo-ingénierie, le remède risque fort d'être pire que la maladie. Jouer les apprentis sorciers avec le climat et les océans pourrait bien les perturber encore plus et surtout durablement, avec tous les dangers que cela représente.

Pour ma part, quand j'entends parler de la géo-ingénierie, je ne peux m'empêcher de penser à cette phrase prononcée par le Dr Glen Thompson dans le film "Léviathan" (celui sorti en 1989). Alors qu'il faisait le constat que les mutations génétiques testées ont mal tourné, il s'adressa en ces mots aux autres membres de l'équipage : « On ne baise pas la Nature ! »

- La fonte du pergélisol

L'une des conséquences du dérèglement climatique et du réchauffement de la planète est la fonte du pergélisol. Appelé permafrost en anglais, le pergélisol regroupe tous ces sols en permanence gelés -situés principalement en Russie, en Alaska et au Canada- et qui recouvrent près de 25% des terres de l'hémisphère nord. En fondant, le pergélisol menace de libérer des quantités colossales de C02 actuellement emprisonnées et qui sont estimées à presque 2 000 milliards de tonnes (soit 2 000 000 000 000 kilos). Cette libération progressive de gaz à effet de serre accélèrera ainsi le réchauffement climatique qui en retour accélèrera la fonte du pergélisol et ainsi de suite, créant ainsi un cercle vicieux dramatique. Mais la fonte du pergélisol apporte une autre inquiétude tout aussi dangereuse et imprévisible : elle pourrait éventuellement libérer des virus et bactéries oubliés, hibernant en secret depuis des millénaires dans ces sols glacés. Des virus et bactéries contre lesquels nous n'aurions absolument aucune défense...

Peu de gens en parlent mais la fonte du pergélisol a déjà commencé. Si elle continue ainsi, elle risque d'être l'une des pires bombes climatiques et sanitaires à retardement qui nous tombera dessus.

- La destruction de la biodiversité

La biodiversité, c'est l'ensemble de toutes ces espèces animales et végétales ainsi que des écosystèmes évoluant sur Terre. Cela va de l'éléphant au moustique, de l'arbre au champignon, de l'algue aux grands mammifères marins, en passant par les oiseaux, le krill et le corail. Les Hommes aussi en font partie.

Mais depuis le 19ème siècle et l'accélération exponentielle et continue de son impact sur le monde, l'Homme bouleverse dangereusement l'ensemble de la biodiversité. La chimie en tout genre -à commencer par les pesticides- dont nous avons inondé notre planète, la destruction des habitats, l'artificialisation des sols, la chasse "légale", le braconnage et le réchauffement climatique sont les principales raisons de la destruction de la biodiversité.

Ces 40 dernières années, nous avons perdu près de la moitié du vivant et tous les voyants sont au rouge concernant une grande partie de l'autre moitié qui reste.[30] Par exemple, en ce qui concerne les grands mammifères (tels que les éléphants, les lions, les rhinocéros, les girafes, les gorilles, les tigres, les jaguars …etc.), réalises-tu qu'au rythme d'extinction actuel, d'ici 2 à 3 décennies, c'est-à-dire demain, il n'en restera plus que dans les zoos et les livres pour enfants ? :'(

- Le pillage des océans

Sans parler de la pêche illégale -estimée à plus de 10 millions de tonnes-, c'est chaque année plus de 100 millions de tonnes de poissons qui sont prélevés dans les océans du globe. **Soit environ 900 milliards de poissons.** Et la demande ne cesse de croître pour des stocks halieutiques qui se renouvellent de moins en moins…

Au-delà du challenge économique que vivront les pêcheurs, cette pénurie de poissons annoncée sera surtout et avant tout un désastre écologique inédit ! Avec les méthodes et aux rythmes actuels de la pêche, en 2048 **-c'est à dire dans moins de 30 ans-**, il n'y aura plus de poissons dans les océans. Littéralement. Nos enfants nous demanderont alors où sont passés les poissons que l'on voit dans les documentaires. On n'aura alors pas d'autre choix que de leur répondre la triste vérité : « On les a tous bouffé ! »

« La surpêche est la plus grande menace qui pèse sur nos océans. »

Lamya Essemlali

- <u>Les continents de plastique</u>

Parmi tous les challenges que devra affronter l'humanité au 21ème siècle, l'un des plus grands de tous viendra du plastique. Beaucoup ne le savent pas, mais chaque année plus de 10% des **100 millions de tonnes de plastique produites par l'humanité,** soit 10 millions de tonnes par an, finit dans les océans. Ils forment des plaques de soupe de plastique gigantesques. En allusion à leur taille gigantesque équivalent à plusieurs pays, on les appelle "les continents de plastique".

Et qu'ils soient directs ou indirects, les impacts des déchets plastiques sont désastreux :

- Une insupportable pollution visuelle sur les plages du monde entier, sachant que ce qui se voit ne correspond qu'à une infime partie des rejets, la plupart étant sous l'eau et/ou au milieu des océans.

- Un nombre incalculable d'animaux marins (tortues, dauphins, cachalots… etc.) qui meurent étouffés par les déchets plastiques qu'ils confondent avec leur nourriture.

- Ces plaques de plastique servent de support à l'implantation de nouvelles espèces invasives, voyageant ainsi à travers les océans et bouleversant certains écosystèmes.

- Le plastique ne se biodégrade pas mais se micro-fragmente. En se subdivisant ainsi en une infinité de morceaux microscopiques, il est ingéré par les poissons et rentre dans la chaîne alimentaire.

- Sans parler de ces oiseaux de mer vivants sur ces îles éloignées de plusieurs milliers de kilomètres des continents. Ils récupèrent sur leurs plages les déchets plastiques ramenés par les courants océaniques et meurent ainsi, agonisant le ventre plein de plastique, coupables de l'avoir confondu avec leur nourriture habituelle.

Et d'ailleurs, puisque l'on parle de ce sujet, sache que tu peux, à ton niveau, agir dessus dès aujourd'hui par tes comportements personnels quotidiens. Cela se résume en six mots : Refuse, Réduit, Réutilise, Répare, Recycle et Ramasse. Six mots en ''R'' auxquels s'en rajoutent deux autres en ''I'' : Informe et Inspire, par l'exemple, les autres à faire de même.

Toujours à titre personnel, tu peux aussi soutenir les politiques qui auront (un jour ?) le courage de s'ériger contre les puissants lobbies de cette industrie en prônant **une taxation significative du plastique**. Une fiscalité qui, en plus de rendre le plastique beaucoup plus cher à produire -ce qui en diminuera mécaniquement la production et la consommation- permettra de débloquer des fonds pour subventionner la conception, la promotion et la diffusion de toute une panoplie d'alternatives écologiques qui, pour beaucoup, existent d'ailleurs déjà.

« Le plastique inonde, défigure et intoxique notre planète. »

Gérald Vignaud

- Les pollutions de l'industrie des transports maritimes

Les vêtements, le matériel électronique, le matériel de bricolage, les jouets, les meubles, l'équipement industriel, la nourriture, les matières premières, les pièces détachées pour véhicules, les matières recyclées …etc. 90 à 95% de tout -absolument tout !- ce que nous consommons directement ou indirectement transite par les océans. L'industrie du transport maritime international joue ainsi un rôle essentiel au sein de notre économie globalisée. Chaque jour, plus de 60 000 porte-conteneurs -dont les plus gros d'entre eux peuvent transporter plus de 23 000 conteneurs[31]- parcourent les océans. Ce que l'on connaît moins, ce sont les nombreux dommages écologiques collatéraux que disperse cette industrie silencieuse autour des océans :

- o Le fuel résiduel utilisé pour les moteurs est le carburant le moins cher mais le plus sale qui soit. Extrêmement polluant, il est à très haute teneur en particules fines et notamment en soufre. (On estime qu'un seul bateau dégage autant de soufre que 50 millions de voitures ![32])

- o Le déplacement des espèces invasives causé par les déballastages[33]

- o Les bruits des moteurs qui assourdissent un nombre incalculable de cétacés qui, déboussolés, viennent s'échouer et mourir sur les plages

- o Les dégazages sauvages en haute mer

- o Les marées noires

- o Les nombreux naufrages et accidents (en moyenne 1 tous les 3 jours) et les nombreuses pollutions qui les accompagnent

- o Les épaves non recyclées qui finissent leur vie sur des plages-poubelles de pays tels que l'Inde ou le Bangladesh où le reste de leurs dépouilles continuent de polluer indéfiniment…[34]

Mais avec une croissance amenée à tripler dans les 20 prochaines années ainsi que l'ouverture des nouvelles routes commerciales du Nord possibles grâce au réchauffement climatique[35], le pire reste à venir et le désastre écologique ne fait que commencer…

« Si l'Océan meurt, nous mourons tous. C'est aussi simple que ça ! »

Paul Watson

- L'extermination des requins

Alors qu'ils sont présents dans les océans depuis près de 450 millions d'années, les requins sont aujourd'hui au bord de l'extinction. La cause principale en est l'appétit déraisonné des chinois pour leurs ailerons cuisinés en soupe. Malgré un prix exorbitant et un goût insipide, une légende attribue à celui qui boit une soupe d'ailerons de requins la force et la vitalité de celui-ci. Et cela en fait un mets particulièrement prisé de l'élite sociale chinoise. Une élite sociale dont le nombre ne cesse de croître depuis l'explosion économique de la Chine. Devenu très lucratif - un marché de plus d'un milliard d'US dollars annuel- l'industrie de la pêche aux requins extermine ainsi près de 100 millions de requins tous les ans dans des conditions particulièrement atroces. (Si ton cœur est fragile, évite absolument de taper « Shark finning » sur YouTube). Avec une maturité reproductive qui peut aller jusqu'à 25 ans pour certaines espèces, il n'est pas nécessaire d'être un génie en math pour comprendre que leur extinction est proche…

Alors qu'il est inconnu du grand public, le problème de l'extinction des requins pourrait bien être l'une des plus grosses bombes à retardement qui menacent les océans. En effet, les requins étant des superprédateurs situés tout en haut de la chaîne alimentaire, leur extinction, par un effet domino, bouleversera de manière imprévisible tous nos écosystèmes.[36]

- La disparition des abeilles

Alors qu'elles sont présentes sur Terre depuis bien plus longtemps que l'Homme, les abeilles font face aujourd'hui à un possible début d'extinction. En effet, depuis quelques temps déjà, un peu partout dans le monde, les apiculteurs observent de plus en plus fréquemment la disparition d'un grand nombre d'abeilles dans leurs colonies. Ils ont baptisé ce phénomène "le syndrome d'effondrement des colonies d'abeilles".

Apparu depuis les années 90, ce phénomène inquiétant s'est amplifié depuis les années 2000. Quoiqu'il ne soit pas encore totalement compris, les scientifiques et les apiculteurs ont néanmoins établi qu'il est la conséquence d'une combinaison de plusieurs facteurs : la récente prolifération des frelons asiatiques, celle des agents parasites -avec notamment l'acarien Varroa Destrutor-, l'agriculture intensive et la baisse de la biodiversité qui agissent sur les ressources en pollen et bien sûr les néonicotinoïdes, présents massivement dans les pesticides.

- La déforestation

Autrefois, les Hommes et les arbres étaient amis et vivaient en osmose ensemble. Aujourd'hui, bien que les forêts soient essentielles à la biodiversité ainsi qu'à la régulation du climat, l'Homo sapiens déforeste chaque année l'équivalent d'un quart de la surface de la France, soit en moyenne, **l'équivalent de la taille d'un terrain de football qui disparaît toutes les 2 secondes**. Les principales forêts qui en sont victimes sont les forêts primaires -dites aussi forêts vierges- situées en Amérique du Sud, en Indonésie et dans le bassin du Congo.

En Amazonie, on rase la forêt pour y élever de manière intensive des bovins qui seront nourris avec du soja cultivé sur les parcelles d'autres anciennes forêts amazoniennes elles aussi rasées pour l'occasion. En Indonésie, c'est pour la production de l'huile de palme en constante augmentation que la forêt est détruite. Une huile de palme transformée en huile végétale et que l'on trouve dans des produits tels que les shampooings ou les détergents mais aussi de manière massive dans la nourriture industrielle : pizzas, margarines, biscuits, pâtes à tartiner, plats préparés, chips…etc.

On est bien sûr tous d'accord pour dire qu'on est contre la déforestation. Mais si on analyse objectivement la situation, au final ce sont bien nos modes de vie et de consommation qui enclenchent cette déforestation massive…

« Les forêts du monde abritent plus de 50 % de la biodiversité de la planète. Celle-ci reste largement méconnue. »

Yann Arthus-Bertrand

- L'élevage intensif

L'Homo sapiens consomme de la viande. Dans les temps ancestraux, il chassait à coups de pierres et de lances en bois en courant derrière sa proie. Dans ce combat à armes presque égales, il était offert à l'animal une chance de survie. Aujourd'hui, l'Homo sapiens ne le chasse plus mais le produit massivement et violemment en déléguant évidemment cette tâche ingrate à d'autres. Chaque année, c'est environ 100 000 000 000 (100 milliards) d'animaux terrestres qui sont élevés -la très grande majorité industriellement dans des conditions atroces- pour être mangés. Et, au-delà de la souffrance animale abominable qui y est associée, l'élevage intensif est la cause de nombreuses destructions de nos ressources et de dégradations environnementales. Notamment :

- o Comme évoqué plus haut, la destruction des forêts, notamment de la forêt vierge amazonienne sur laquelle on va faire ''pousser'' ce bétail ainsi que la destruction, toujours de cette même forêt amazonienne, sur laquelle on va faire pousser le soja et le maïs qui vont servir à nourrir ce bétail.

- o Une destruction des sols par l'utilisation massive de pesticides pour faire pousser ces mêmes soja et maïs.

- o Les dépenses en eau colossales et indécentes qui servent à abreuver ce bétail ainsi qu'à arroser le soja et le maïs qui va les nourrir. (Pour produire 1 seul kilo de bœuf, on estime qu'il faut au final 13 500 litres d'eau.)[37]

- o Une destruction des écosystèmes des sols, des fleuves et des océans par les quantités colossales de rejets d'excréments de l'ensemble de ce bétail.

- o Ainsi que, comme déjà évoqué lors du sujet sur le dérèglement climatique, les flatulences de ces milliards de bovins qui rejettent dans l'atmosphère des quantités phénoménales de méthane, un gaz à effet de serre 25 fois plus puissant que le CO_2.[38]

À ce propos, sache qu'il existe un moyen très simple d'avoir un impact écologique positif et immédiat sur le monde : **limite voire élimine complètement ta consommation d'animaux !** En plus de ne plus participer à cette souffrance animale abjecte que l'humanité a habilement institutionnalisée, devenir végétarien est aujourd'hui le changement le plus important et le plus direct que tu peux immédiatement faire pour contribuer à la sauvegarde de la planète et de ses espèces.

Petite conversation imaginaire...

- « Pourquoi manges-tu de la viande ? »
- « Parce que c'est normal, l'Homme a toujours mangé de la viande ! »
- « Exact ! Comme il y a une époque de ta vie où tu faisais caca dans ta culotte. Mais maintenant tu ne le fais plus parce que tu as grandi et évolué. Même si c'est sur une échelle de temps plus longue, l'être humain ne se doit-il pas de grandir et de suivre une évolution ? »

- L'invasion des pesticides

Au sortir de la Deuxième Guerre mondiale, un monde ravagé se trouve devant l'impératif besoin de nourrir d'urgence sa population. Il invente et développe alors une agriculture intensive qui devient très vite dominée par les pesticides. Une nouvelle approche de l'agriculture dont les conséquences à moyen et long terme se révèlent dramatiques.

Les pesticides sont des produits chimiques destinés à éliminer les nuisibles susceptibles d'empêcher le développement des cultures. Alors qu'elle partait probablement d'une bonne intention, l'agriculture intensive s'est depuis développée pour devenir uniquement drivée par le rendement maximal et la recherche de profits. Grâce à des stratégies de communication habilement conceptualisées et verrouillées par les lobbies de cette industrie, l'utilisation de pesticides est devenue massive et systématique. Ses conséquences sont nombreuses et ont des impacts graves sur l'environnement (extermination des insectes pollinisateurs, destruction progressive des sols, infiltration des nappes phréatiques) mais aussi sur la santé des Hommes (baisse de la fertilité et augmentation du nombre des cancers).

- La raréfaction des terres arables

L'une des conséquences de l'utilisation des pesticides évoquée précédemment est la raréfaction des terres arables. En effet, peu le réalisent, mais dans une simple poignée de terre, ce sont littéralement des milliards d'êtres vivants, allant de la bactérie au ver de terre en passant par une multitude de minuscules insectes qui assurent sa fertilité. 1 gramme de terre contient une moyenne de 1 milliard de bactéries, réparties en 10 à 100 000 espèces différentes dont la plupart nous sont totalement inconnues.[39] En inondant constamment d'une chimie mortelle toutes ces terres, on en décime aussi méthodiquement tout le vivant qu'elles contiennent. Or, une terre fertile, c'est impérativement une terre qui est vivante. Si toute cette vie enfouie dans la terre est anéantie, plus rien ne peut y pousser.

Alors qu'il y a sur notre planète de plus en plus de bouches à nourrir, il y a en parallèle de moins en moins de terres arables pour y produire de la nourriture. Qu'adviendra-t-il lorsqu'il n'y en aura plus suffisamment ?

- La pollution de l'air

Ces dernières décennies, les taux de poussières, de fumées et de *Smogs* ont considérablement augmenté partout sur la planète. En cause, les activités humaines. L'air que nous respirons est aujourd'hui contaminé par les rejets industriels et les transports automobiles, mais aussi par les épandages, les fumées toxiques des cheminées ou encore, comme en Inde, par des millions de cuisinières à feu ouvert.

Aujourd'hui, la pollution atmosphérique est un problème mondial qui touche 9 urbains sur 10 et qui, selon l'OMS, tue prématurément près de 7 millions de personnes par an, principalement en Asie. Dans un pays comme la France, on estime néanmoins à -au moins- 48 000 le nombre de décès annuel liés à la pollution de l'air.[40]

- La pollution lumineuse

Tous les êtres vivants de la planète sont des êtres solaires drivés par des repères naturels liés aux saisons ainsi qu'au jour et à la nuit. Peu de gens le réalisent, mais l'illumination nocturne massive et bien souvent inutile[41] que nous imposons à notre planète consomme non seulement une énergie colossale, mais perturbe aussi énormément -voire dérègle- les écosystèmes alentours qui la subissent.

- La démultiplication de nos déchets

Notre surconsommation quotidienne de produits en tout genre génère -littéralement- des montagnes de déchets. Une récente étude de la banque mondiale estime que nous produisons 8 à 10 kilos par jour et par personne et que ce volume augmente constamment. Et il ne s'agit là que des ordures, on n'inclut pas dans ce chiffre les autres déchets, notamment ceux issus de la production d'énergie, de la fabrication de produits chimiques, manufacturés, électroniques, des déchets agricoles ainsi que de ceux issus des fabricants du papier consommé par plus de 7,7 milliards de personnes.

Qu'ils soient -notamment- électroniques, plastiques ou chimiques, nos déchets ont un impact profond et exponentiel sur l'environnement et la multiplication de leur production est un problème mondial. Sur ce sujet aussi, il nous est devenu urgent de réagir. Espérons que ce sera le cas et que notre planète ne finira pas, comme dans le dessin animé dystopique "Wall-E", ensevelie sous les déchets…

- <u>La pollution généralisée de notre planète</u>

Définition de la pollution : Dégradation d'un écosystème par l'introduction -généralement humaine- de substances, de déchets ou de radiations altérant de manière plus ou moins importante le fonctionnement de cet écosystème.

Aujourd'hui, presque plus aucun endroit sur la Terre n'échappe à la pollution liée aux activités des Hommes. Peu à peu, nous détruisons les uns après les autres tous les piliers et les écosystèmes de notre planète. Une planète que nous avons pourtant la responsabilité morale de transmettre en bon état à nos descendants (ainsi que, d'ailleurs, aux descendants de toutes les autres espèces). Partout autour du globe, ce sont des millions de "petits" foyers de pollution locale qui, additionnés les uns avec les autres, créent un grave problème de pollution généralisé de notre planète. Les exemples sont innombrables. En voici quelques-uns :

- o L'Océan (qui, pour certains, semble conceptuellement infini alors que c'est loin d'être le cas) qui sert de poubelle à l'industrie nucléaire avec ses déchets radioactifs et autres saloperies rejetés illégalement en mer…

- Ces millions de filets usagés perdus ou abandonnés par les bateaux de pêche partout dans les mers et les océans du globe (Pour info, chaque année, c'est 640 000 tonnes de matériel de pêche qui finissent ainsi au fond des océans). Très justement appelés "filets fantômes", ils dérivent indéfiniment massacrant ainsi "gratuitement" un nombre incalculable de poissons, tortues et cétacés…

- Le chalutage de fond dont le concept simple consiste à -littéralement- ratisser le fond des océans en détruisant tout pour tout remonter, choisir ce qui nous intéresse et rejeter le reste à l'eau. C'est un peu comme si en forêt, pour chasser une espèce, on rasait l'ensemble de la forêt, exterminant du même coup tous les arbres et les autres animaux, pour ne récupérer que celui qui nous intéresse (une pensée particulière à l'Homo sapiens particulièrement dérangé qui, le premier, a eu cette idée-là).

- L'industrie pétrolière qui pour extraire son or noir des sables bitumineux n'hésite pas à détruire de manière irréversible la forêt boréale canadienne. Une forêt primaire aux écosystèmes exceptionnels et à qui il a pourtant fallu des millénaires pour se développer…

- Les dépôts sauvages dans la Nature de déchets -ménagers ou industriels- pratiqués quotidiennement des centaines de millions de fois, souillant ainsi quotidiennement des centaines de millions d'endroits…

- Les milliers d'accidents industriels petits et grands aux conséquences catastrophiques qui adviennent chaque jour un peu partout autour du globe…

- La pollution liée aux accidents nucléaires comme celui qui s'est produit en 2011 à Fukushima au Japon où l'océan Pacifique sert de poubelle géante pour des quantités colossales d'eaux contaminées et autres déchets radioactifs…[42]

- Les chercheurs d'or des forêts amazoniennes qui polluent les fleuves, anéantissent des espèces animales et affaiblissent les écosystèmes en y rejetant massivement le mercure qu'ils utilisent…

- Tous ces millions de tonnes de déchets non triés et non recyclés enterrés dans les sols… (Une pensée particulière pour Amazon qui, pour des raisons de gestion de place dans ses entrepôts et de rentabilité, pousse le vice jusqu'à enterrer massivement des produits manufacturés flambants neufs.)[43]

- Ces dizaines de milliers de feux d'artifice tirés régulièrement partout autour du globe répandant un nombre incalculable de particules fines et traumatisant une multitude d'oiseaux…

- Toutes les innombrables pollutions aussi diverses que variées liées au tourisme de masse…

- L'émergence récente de tous les data centers et la pollution massive qu'ils dégagent…

…etc, etc, etc.

« Au lieu de postuler que la Terre nous appartient, nous devons prendre conscience que nous appartenons à la Terre. »

Pierre Rabhi

- La pollution des fleuves et des rivières

L'eau recouvre 71% de la surface de la planète. Pourtant, malgré cette apparente abondance de l'eau sur la Terre, l'eau douce, elle, ne représente seulement que 3% de la quantité totale. Et l'eau des fleuves et rivières est encore plus rare : elle ne représente seulement que 0,01% de toute l'eau douce existante.[44] Et cette eau douce que l'on croit inépuisable et dont nous avons tous -hommes, animaux, arbres, plantes, champignons et bactéries- un besoin vital est menacée de toutes parts.

Notre mode de vie moderne consomme tellement d'eau que nous en détournons même certains de nos fleuves. De plus en plus de rivières sont asséchées et, qu'ils soient petits ou grands, une pollution massive aux sources multiples intoxique les uns après les autres tous les cours d'eau de la planète.

- La pénurie d'eau qui s'annonce

Sur Terre, la quasi-totalité de l'eau est soit prisonnière des glaces, soit constituée de l'eau salée des océans. En fait, l'eau douce disponible pour les presque 8 milliards d'humains et une infinité d'espèces vivantes correspond à peine à 0,02% du volume total de l'eau présente sur la planète. Pas plus. Cette eau est au centre de la biosphère, la seule partie de notre planète où la vie est possible. Un ensemble d'écosystèmes dans lesquels se recyclent en permanence bien sûr l'eau, mais aussi l'oxygène, l'azote, le carbone et bien d'autres éléments indispensables à la vie.

Une eau douce beaucoup plus rare qu'on ne se l'imagine : Parce qu'elle recouvre près de 71% de notre planète, on pourrait avoir l'impression que l'eau en est la principale composante. Mais si à l'échelle de l'homme les océans peuvent être très profonds, à l'échelle de la planète, ils ne le sont absolument pas. Le point le plus profond des océans se situe dans le pacifique : il s'agit de la fosse des Marianness profonde de 10 984 mètres, le diamètre de la Terre étant lui d'environ 12

750 000 mètres. Au final, si on rassemble toute l'eau de la Terre -celle contenue dans les mers et océans, les lacs, les fleuves et rivières, les nappes phréatiques et celle prisonnière des glaces-, cette quantité d'eau colossale ne formerait malgré tout qu'une sphère de 1200 kilomètres de diamètre. Il s'agit de la grosse boule bleue sur l'image ci-contre. La petite boule bleue qui se trouve à coté correspond à la proportion d'eau douce présente sur la Terre. Et la 3ème boule, la minuscule que l'on ne voit qu'à peine, correspond à **l'eau douce disponible** -c'est-à-dire non prisonnière des glaces- pour l'ensemble du vivant de toute la planète…

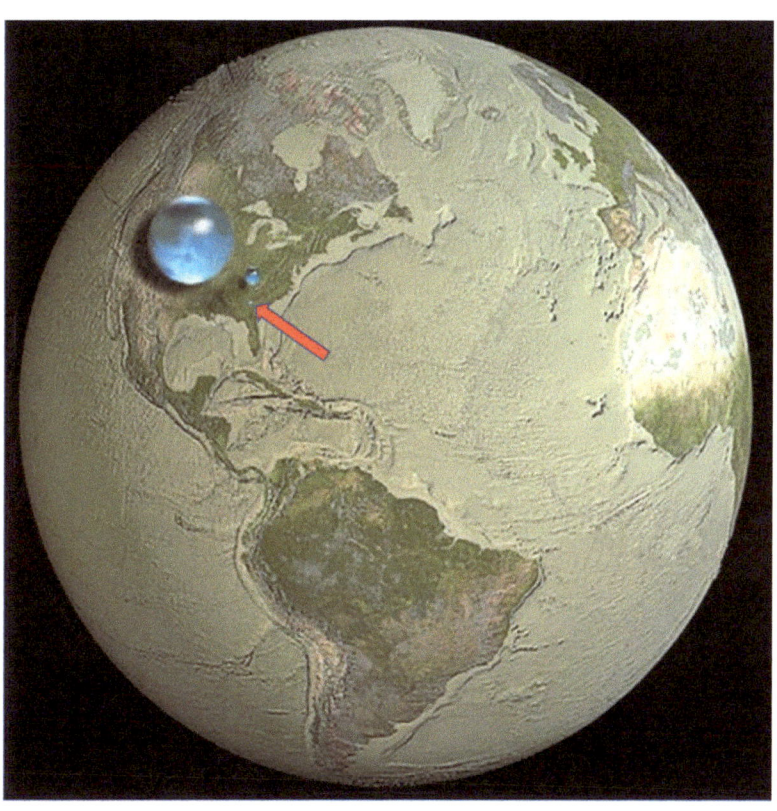

Et de l'eau, nous en consommons beaucoup. Beaucoup trop, car notre utilisation personnelle ne s'arrête pas à notre douche, à nos besoins domestiques et à ce que l'on boit quotidiennement. En comptant tout ce qu'il consomme ainsi que cette eau qui sert à produire et à nettoyer - que l'on appelle "l'eau virtuelle"-, l'homme occidental moyen utilise environ 5 000 litres par jour et par personne. Si tu veux percevoir quelques exemples de cette "eau virtuelle", sache qu'il faut :

- 3 litres d'eau pour produire une bouteille d'eau minérale d'1,5 litre
- 40 litres pour faire pousser une salade
- 140 litres pour une seule tasse de café
- 185 litres pour 1 kilo de tomates
- 330 litres pour une seule baguette de pain
- 340 pour 1 kilo d'oranges
- 960 litres pour une bouteille de vin
- 1 000 litres pour un kilo de pommes
- 1 100 pour un litre de lait.
- 1 900 litres pour un kilo de pâtes
- 1 400 litres pour un kilo de riz
- 2500 litres pour une chemise en coton
- 11 000 litres pour produire un jean
- 13 500 litres pour 1 kilo du bœuf que tu manges ! (Car en plus de lui apaiser sa soif, une très grosse quantité d'eau a notamment

servi à produire les céréales dont on a nourri pendant toute sa croissance le bœuf que tu as mangé.)

Notre alimentation, nos modes de vie, nos déplacements, nos loisirs et bien sûr l'explosion démographique : tout concourt à accroître sans cesse nos besoins en eau. Et ce besoin croît si vite qu'il dépasse largement ce que la Nature peut nous offrir. Pour combler ses besoins en eau, l'Homme détourne alors les fleuves, assèche les lacs et utilise même des ressources hydriques souterraines très anciennes et non renouvelables. S'ajoute à cela l'urbanisation galopante et les industries qui polluent de plus en plus nos réserves. Actuellement dans le monde, 85% des eaux usées ne sont pas traitées et sont ainsi rejetées directement dans la Nature. Non seulement cette eau est perdue, mais elle contamine nos ressources disponibles en eau potable. Nous nous empoisonnons nous mêmes !

Déjà aujourd'hui, à de nombreux endroits sur la planète, l'eau est devenue une ressource rare qui fait aussi cruellement défaut à plus d'un milliard d'êtres humains. Une menace mortelle qui pèse sur les populations parmi les plus vulnérables. En ce début de 21ème siècle, 800 millions d'humains ne boivent pas d'eau potable et l'eau contaminée tue chaque jour plus de 4 000 enfants de moins de 5 ans.[45]

S'il te plaît, prends un moment pour relire et comprendre le sens réel de cette dernière phrase : **En ce début de 21ème siècle, 800 millions d'humains ne boivent pas d'eau potable et l'eau contaminée tue chaque jour plus de 4 000 enfants de moins de 5 ans**.

« Symbole de l'émergence de la technologie et de la raréfaction de nos ressources, quand j'étais enfant, l'eau était gratuite et la musique était payante. Maintenant, c'est l'inverse ! (Et ça, ça craint !) »

Gérald Vignaud

- Les gaz de schiste

Le gaz de schiste est du gaz naturel présent dans de vastes régions de notre continent. Comme son nom l'indique, le gaz de schiste est contenu dans une roche, le schiste, que l'on trouve dans des profondeurs moyennes allant de 1500 à 5000 mètres. Le problème du gaz de schiste ne vient pas du gaz en lui-même mais de la méthode utilisée pour son extraction : la fracturation hydraulique -*Fracking* en anglais.

Le schiste étant très peu perméable, le gaz qu'il contient ne s'écoule pas dans des réservoirs comme c'est le cas avec d'autres types de roches. La fracturation hydraulique consiste donc à injecter de l'eau à haute pression dans le puits. L'opération crée ainsi des fractures dans la roche et permet ainsi au gaz de s'écouler. L'eau utilisée est mélangée à du sable et à un cocktail d'une multitude de produits chimiques qui constitue jusqu'à 2% du contenu. Des produits chimiques qui lubrifient et facilitent ainsi l'écoulement du gaz.

Environ 50% de cette eau très polluante peut être récupérée pour être traitée ou réutilisée pour une autre fracturation hydraulique ultérieure. **50% ne l'est pas**. Concernant la première moitié de ces eaux usées et hautement toxiques, elle est, en théorie, récupérée et recyclée par les sociétés qui exploitent les gisements. Les industriels nous ont, d'une façon générale, malheureusement habitué à optimiser leurs coûts au détriment de l'environnement. Il y a donc une forte inquiétude sur la destination finale de ces eaux. Et concernant l'autre moitié, celle qui n'est pas récupérée, cela pose un véritable problème. Ces eaux chargées de chimie contaminent les sols et les nappes phréatiques démultipliant ainsi les dangers pour l'environnement, les écosystèmes et les populations locales.[46]

Dans notre monde où l'énergie constitue un enjeu majeur, la révolution liée à l'exploitation des gaz de schiste aux États-Unis a éveillé l'intérêt de son potentiel dans les autres pays du monde, notamment en Europe…

- <u>Le problème des déchets nucléaires</u>

Le nucléaire, nous disent les professionnels du secteur, résout de nombreux problèmes. Il couvre nos besoins croissants en électricité, contrebalance la raréfaction des énergies fossiles et pourvoit à la nécessité aujourd'hui indispensable de recourir à des énergies qui n'accentuent pas le réchauffement climatique. Mais les problèmes du nucléaire sont majeurs. La sécurité des centrales tout d'abord -on l'a vu avec les accidents de Three Mile Island, Tchernobyl et Fukushima- ainsi que leurs démantèlements, sont à ce jour très compliqués voire impossibles. Mais il y a aussi et surtout le problème des déchets nucléaires.

On ne sait pas à ce jour comment les recycler et la solution de les envoyer dans l'espace a été abandonnée à cause des risques liés à une éventuelle explosion de la fusée au décollage. Donc, on les stocke, on les enterre ou on les jette en mer. À ce propos, d'après l'agence internationale de l'énergie atomique, dans la deuxième moitié du 20ème siècle, les pays nucléarisés ont immergé dans les océans plus de 100 000 tonnes de déchets nucléaires. Mais qu'ils soient stockés, enterrés ou jetés en mer, une partie de ces déchets mettra des centaines de milliers d'années à perdre totalement leur radioactivité. Ce sont donc à des milliers de générations à venir que nous léguons cette pollution…

- <u>La pollution de l'espace</u>

Depuis Spoutnik et les débuts de la conquête spatiale en 1957, près de 8000 engins ont été lancés par différentes nations. De très nombreux débris sont ainsi rejetés dans l'espace. Ils se sont accumulés de manière quasi exponentielle et c'est aujourd'hui un large manteau d'une poubelle ''High Tech'' qui tourne à très grande vitesse en orbite autour de la Terre. Sous l'impact des chocs violents liés à la vitesse, ces objets de toutes tailles se subdivisent en objets de plus en plus petits augmentant ainsi les risques de collision. Et tout cela, c'est sans compter les 42 000 (42 000 !!!) satellites supplémentaires du projet ''Starlink'' que le milliardaire Elon Musk voudrait lancer et positionner autour du globe…[47]

Même si cette pollution est beaucoup moins grave et urgente que les nombreuses autres que l'on peut malheureusement trouver sur Terre, la symbolique est néanmoins cruelle. Même dans l'espace, l'Homme a réussi l'exploit de polluer son environnement.

Voici donc un résumé rapide des principaux grands défis écologiques qui s'annoncent à l'humanité en ce début du 21ème siècle. Bien entendu, parmi tous ces challenges écologiques, certains sont plus grands, plus importants, plus complexes et plus urgents que d'autres. Néanmoins, en plus d'être tous directement ou indirectement interconnectés entre eux, ils ont tous pour point commun la même cause : le développement des activités humaines. Ils sont les conséquences de notre système économique actuel basé sur une croissance maximale et infinie ainsi que d'un abrutissement généralisé des populations. Une foule de gens dont le cerveau est très souvent empoisonné par les réseaux sociaux et les mass-médias.

« Quand ils auront coupé le dernier arbre, pollué le dernier ruisseau, pêché le dernier poisson, alors ils s'apercevront que l'argent ne se mange pas. »

Sitting Bull

Agir, individuellement et collectivement

Au cours des millénaires qui ont suivi l'avènement de l'Homo sapiens, notre relation avec la Nature a diamétralement changé. D'animiste et mystique -où l'on communiquait directement et avec respect avec chacun des êtres partageant la Terre avec nous- notre rapport avec notre planète s'est au fur et à mesure du temps transformé en une relation de domination et d'exploitation économique, immorale et destructrice.

Abrutie par les médias de masse et emprisonnée dans leurs problèmes quotidiens, la plus grande majorité des gens ne réalise pas que notre autodestruction a bel et bien commencé. Tout est aujourd'hui quasiment en place pour finaliser notre propre extinction et nous n'avons plus beaucoup de temps pour réagir. Pour reprendre les mots de Paul Watson, si nous voulons survivre sur cette planète, nous allons devoir intégrer qu'il nous faut vivre en concordance avec les trois lois de l'écologie :

- La première loi de l'écologie est la loi de **la diversité** : La force d'un écosystème naturel, quel qu'il soit, est basé sur sa biodiversité. Plus il héberge de biodiversité, plus un écosystème est fort.

- La deuxième loi de l'écologie est la loi de **l'interdépendance** : Toutes les espèces d'un écosystème sont interdépendantes et ont besoin les unes des autres.

- La troisième loi de l'écologie est la loi **des ressources finies** : Il y a une limite à la croissance et une limite à la capacité de régénération de la Nature.

Entendons-le bien : il ne s'agit pas ici de conseils, mais véritablement de lois de la Nature qu'il nous faut absolument comprendre et respecter. Un respect indispensable si l'on ne veut pas subir les conséquences dramatiques et durables d'un déséquilibre de nos écosystèmes. Mais voilà, nous sommes pris dans un tourbillon destructeur que nous avons nous-mêmes créé. Et le constat, si l'on prend le courage d'une analyse objective et factuelle de la situation, est amer. Telle une cellule cancéreuse, il semble que l'humanité a véritablement déclaré la guerre à l'ensemble de sa planète et de ses écosystèmes.

Dans notre monde en pleine révolution identitaire, idéologique et technologique, tout va très vite. Trop vite. Qu'ils soient écologiques ou humains, les challenges que nous devons affronter sont à la fois inédits et colossaux. Pourtant, face à l'immensité de ce qui nous attend, trop peu de gens semblent être en mesure de véritablement comprendre la situation et d'y réagir efficacement.

Prisonniers de leurs croyances et empêtrés dans leurs problèmes personnels, l'écrasante majorité des gens -ceux qui forment l'opinion publique- s'abrutissent devant leurs écrans de télévision et de smartphone, sans même percevoir les changements et les périls qui nous menacent.

Sans aucune vision globale des choses, les "experts" de tous les domaines -quand ils ne sont pas au service des lobbys et des multinationales- frisent quant à eux, souvent l'autisme à tenter de ne maîtriser que leurs domaines de compétences dans lesquels ils sont d'ailleurs même parfois complètement largués devant l'évolution trop rapide de notre monde.

Sans parler des décideurs -politiques et économiques- qui ne voient et ne décident la plupart du temps qu'exclusivement au travers d'un prisme idéologique ultra-libéral et dans leurs propres intérêts à court terme.

« Vous êtes perdu si vous oubliez que les fruits sont à tous et la Terre à personne. »

Jean-Jacques Rousseau

Protéger et préserver notre planète sera incontestablement le plus grand, le plus difficile et le plus important combat de tous les temps. Et ça se passe maintenant, en ce début de 21ème siècle. Face à cet effondrement écologique annoncé, il nous est devenu plus qu'urgent de réagir !

<u>Il faut réagir **individuellement** d'abord, notamment par :</u>

- o Notre décision personnelle d'ouvrir réellement les yeux sur la réalité actuelle et factuelle de notre monde et des dangers qui le menacent.

- o Une self-éducation proactive pour acquérir une meilleure connaissance personnelle du fonctionnement de nos écosystèmes, pour connaître les causes de leurs bouleversements actuels et en comprendre toutes les conséquences.

- o Une diminution de notre consommation d'énergie à chaque fois que cela est possible.

- o Changer nos actions et habitudes quotidiennes en termes de mode de vie et de consommation.

- o Soutenir par nos votes les rares hommes politiques qui comprennent véritablement ces enjeux écologiques et qui s'engagent à tout faire pour en limiter au maximum la casse.

- o Une réinvention permanente de notre mode de pensée pour tendre à plus de croissance personnelle intérieure plutôt qu'à plus de croissance matérielle. Plus d'accomplissement personnel plutôt que plus d'argent. Plus de compassion plutôt que plus d'égocentrisme. Plus de vision globale à long terme, plutôt que plus de vision personnelle à court terme.

- o Contribuer à l'avènement d'une nouvelle vision de notre monde basée sur l'équilibre et le respect de ses ressources et du vivant.

- o Et pourquoi pas, puisque c'est mieux quand la vie possède un sens, une très sérieuse évaluation de la possibilité de vouer sa vie à contribuer à résoudre l'un de ces grands défis du 21ème siècle ?

Pierre Rabhi raconte souvent cette histoire du petit colibri qui, lors de l'incendie de sa forêt, ne cesse de faire des allers-retours entre le lac et le foyer principal, son minuscule bec rempli d'eau, pour tenter de l'éteindre. À un moment, il croise un majestueux toucan au grand bec multicolore. Étonné par son attitude, le toucan fit remarquer au petit colibri qu'avec son minuscule bec ce qu'il fait ne sert presqu'à rien. « Je fais ma part ! » lui répondit alors le petit colibri…

Agir individuellement, chacun à son niveau, ne sera incontestablement pas suffisant pour la résolution de tous ces grands défis. Toutefois, il est indispensable pour chacun de nous, ne serait-ce que pour des raisons morales, de faire "notre part".

« Quand un texte de loi contredit les lois de la Nature, c'est un devoir moral de s'y opposer. »

Vandana Shiva

Il faut réagir **collectivement** ensuite, notamment par :

- o Un sursaut massif de l'opinion mondiale sur la dangerosité, la croissance et l'imminence de tous ces grands défis auxquels nous faisons face. À ce propos, une requalification volontaire des priorités données par les grands médias à leurs informations serait la bienvenue. Car non, un terroriste qui se fait exploser avec une bombe dans le métro, une cathédrale millénaire qui brûle au centre de Paris ou encore la finale d'une Coupe de Monde de football n'est factuellement pas plus important -bien au contraire, et de très loin- que le dérèglement climatique, la déforestation ou la destruction de la biodiversité.

o   Une gestion de tous ces challenges à la hauteur de ce qu'ils doivent être : **des situations de crises planétaires urgentes et majeures** au minimum comparables à celles que l'on a pu connaître lors de la Seconde Guerre mondiale ou plus récemment lors de la diffusion planétaire du COVID 19. Cela inclut notamment des décisions très désagréables à prendre, les déblocages financiers colossaux nécessaires et la mobilisation de tous.

o   Un plan international ambitieux, signé et tenu par tous les pays pour la protection des océans avec la mise en place des moyens financiers, scientifiques, militaires et juridiques nécessaires.

o   Un plan international ambitieux, signé et tenu par tous les pays pour la protection des forêts primaires avec la mise en place des moyens financiers, scientifiques, militaires et juridiques nécessaires.

o   Un plan international ambitieux, signé et tenu par tous les pays pour la protection et la préservation des réserves d'eaux douces - lacs, rivières et nappes phréatiques- avec la mise en place des moyens financiers, scientifiques, militaires et juridiques nécessaires.

o   Un plan international ambitieux, signé et tenu par tous les pays pour nettoyer complètement notre planète afin d'y enlever et de recycler toutes les merdes qui y traînent et polluent nos écosystèmes.

o   Un plan international ambitieux, signé et tenu par tous les pays pour la gestion et le recyclage des déchets. (Pour info, à l'heure où j'écris ces lignes sache que les pays riches "vendent" leurs déchets en tous genres aux pays pauvres qui sont censés les recycler pour nous...)

- Taxer très lourdement -voire interdire- la production de déchets que la Nature n'arrive pas à recycler à une échelle de temps humaine. Un exemple très simple avec le plastique : s'il inonde notre planète -alors que des solutions alternatives biodégradables existent- c'est tout simplement parce ce qu'il est très peu cher à produire. Pour ralentir puis stopper sa production, il suffit de la taxer très fortement et d'en investir toutes les recettes dans des subventions reversées à la production des solutions alternatives.

- Une guerre totale et globale contre les éco-prédateurs en tous genres qui n'hésitent pas à défoncer notre planète pour maximiser les profits de leurs compagnies.

- Des instances juridiques internationales à qui l'on donne réellement les moyens de faire appliquer les lois de protection de l'environnement déjà en vigueur ainsi que d'autres, beaucoup plus sévères, qu'il est nécessaire de créer de manière urgente.

- Une meilleure gestion de notre production et de notre consommation d'énergie.

- Une révolution qui, plus que politique, économique ou énergétique, doit être aussi et avant tout spirituelle.

« Dans nos sociétés, nous suivons des systèmes qui souvent nous prennent la plupart de notre temps et ne sont pas dans l'ordre naturel des choses. Nous naviguons dans une superstructure que nous, les Hommes, avons créée. »

B.J. Miller

Plus qu'une révolution écologique, une révolution spirituelle

Même s'il regorge d'opportunités, notre monde est aussi, paradoxalement, en très grand péril. Notre planète est en train de vivre une mutation gigantesque sans précédent. Il nous est plus que jamais devenu indispensable de nous voir non pas d'une manière statique et à un moment donné, mais en mouvement au travers d'une perspective globale. Si on veut comprendre la situation actuelle, il nous faut savoir d'où nous venons, où nous en sommes aujourd'hui et surtout quelles sont les raisons fondamentales de ces changements.

L'Homme est la seule espèce sur Terre à demander toujours plus. Aujourd'hui, la croissance continue de la consommation par une population mondiale chaque jour plus nombreuse nous conduit imparablement à un épuisement à court terme des ressources naturelles.

Pour faire de l'argent, nous détruisons méthodiquement, les uns après les autres, presque tous les écosystèmes de notre planète. D'après le rapport ''Planète vivante 2018'' du WWF[48], « Entre 1970 et 2014, les populations de vertébrés -poissons, oiseaux, mammifères, amphibiens et reptiles- ont chuté de 60% au niveau mondial et de 89% dans les tropiques et l'Amérique centrale. » ! La situation absolument dramatique que nous avons produite dépasse tellement l'entendement que l'on ne réalise même plus les phrases qui sont utilisées pour la décrire. À un tel point que ces mots deviennent, pour la plupart d'entre nous, d'une grande banalité et nous traversent sans même qu'on ne les comprenne réellement.

Alors, je te propose de relire cette phrase : **« Entre 1970 et 2014, les populations de vertébrés -poissons, oiseaux, mammifères, amphibiens et reptiles- ont chuté de 60% au niveau mondial et de 89% dans les tropiques et l'Amérique centrale. »** Mais cette fois, prends quelques minutes, maintenant, pour y réfléchir vraiment, pour en intégrer le sens réel ainsi qu'à toutes à ses conséquences :

- o Que signifie vraiment : « Entre 1970 et 2014, les populations de vertébrés -poissons, oiseaux, mammifères, amphibiens et reptiles- ont chuté de 60% au niveau mondial et de 89% dans les tropiques et l'Amérique centrale. » ?

- Comment a-t-on pu en arriver là ?
- Quelle responsabilité collective avons-nous tous dans cette situation ?
- Quelle est ma responsabilité individuelle -de par ma façon de penser, de vivre et de consommer- dans cette situation ?
- Quelles en sont aujourd'hui les conséquences pour notre planète?
- Cette situation tend-t-elle à s'améliorer ou au contraire à empirer ?
- Empire-t-elle de manière lente et linéaire ou au contraire de façon rapide et exponentielle ?
- Combien de temps cela pourra-t-il encore durer ?
- Combien de temps cela va-t-il encore durer ?
- Quel en sera l'impact sur nos vies ?
- Quel en sera l'impact sur celle de nos enfants ?
- Quel sera l'état de la vie sur Terre d'ici 20, 50 et 100 ans (c'est-à-dire demain) ?
- Quelle est notre responsabilité morale dans tout ça ?
- Comment peut-on faire pour changer tout ça avant que ce ne soit trop tard ?

L'organisation du monde telle que nous, les Homo sapiens, l'appliquons en ce début du 21ème siècle ne pourra structurellement pas tenir longtemps. Il est clair qu'une économie libérale qui prône une croissance exponentielle et infinie dans un monde fini n'est juste mathématiquement pas possible.

Pour changer les choses et sauver notre planète de l'effondrement écologique qui s'annonce, il est devenu impératif de faire une révolution. Les systèmes que l'humanité a mis en place au fil du temps sont tellement complexes, enchevêtrés les uns aux autres et verrouillés par des intérêts tellement puissants qu'une révolution, qu'elle soit politique, économique ou énergétique semble improbable. Pour nous sortir de cette situation, **la seule révolution possible, celle que nous devons mener, est une révolution spirituelle**. Quand j'emploie ici le mot spirituel, je n'évoque pas la religion, quelle qu'elle soit, mais je mentionne plutôt quelque chose de beaucoup plus universel. Je parle ici de cette intuition omniprésente en chacun de nous et par ailleurs très bien retranscrite par Teilhard de Chardin : "Nous ne sommes pas des êtres humains vivant une expérience spirituelle, nous sommes des êtres spirituels vivant une expérience humaine."

« Nous ne sommes pas des êtres humains vivant une expérience spirituelle, nous sommes des êtres spirituels vivant une expérience humaine. »

Teilhard de Chardin

Nous devons admettre que nous ne sommes là que pour une étincelle de temps sur une minuscule planète perdue dans l'immensité de l'Univers.

Nous devons réaliser que cette planète ne nous appartient pas et que nous ne sommes qu'invités.

Nous devons assimiler qu'à l'échelle de l'Univers, nous sommes tous, sans exception, du président des États-Unis aux derniers des clodos toxicos, des micropoussières de merde et **nous devons en conséquence tous mettre nos ego sur "off"**.

Nous devons prendre conscience que n'importe quel Homo sapiens moyen vivant au 21ème siècle possède un bilan écologique en général et carbone en particulier ultra positif (surtout s'il est occidental). Et le plus souvent, alors qu'il ne contribue que peu voire pas du tout à l'évolution positive de l'humanité, il se prend aussi le luxe de penser qu'il y a "droit" en brandissant le concept "d'écologie punitive" dès qu'on lui demande de réduire sa consommation, son gaspillage et plus généralement son impact sur les ressources de notre planète. Pour rappel, de sa naissance à sa mort, le bilan carbone et écologique de Mozart est tout proche de zéro alors que l'héritage qu'il lègue à l'humanité frôle, lui, l'infini…

Nous devons comprendre que chacune de nos actions produisant une pollution irréversible -comme par exemple de consommer du plastique- est une dette écologique que l'on transfère aux générations futures. Une dette qu'elles auront l'impératif vital de payer et à laquelle se rajouteront des intérêts colossaux.

Nous devons mettre en question de très nombreuses croyances individuelles et collectives que nous avons sur nous et sur le monde.

Nous devons abandonner l'idée que seules la science et la technologie libèreront l'Homme.

Nous devons intégrer que la croissance exponentielle et infinie -qu'elle soit démographique, économique ou technologique- n'est ni naturelle, ni indispensable et ni préférable à l'équilibre.

Avant qu'il ne soit trop tard, nous devons admettre que le monde, tel que nous l'avons fait évoluer, ne peut structurellement plus tenir et que nous allons tout droit dans un mur.

Plutôt que d'accepter les choses que nous ne pouvons changer, nous devons choisir de changer les choses que nous ne pouvons accepter.

Nous devons révolutionner notre façon d'agir et aussi, et avant tout, notre façon de penser.

Nous devons réaliser qu'entre une tomate industrielle produite au Sud de l'Espagne et vendue à Carrefour pour 1€ le kilo et une tomate Bio produite près de chez soi et achetée dans une Bio Coop à 3,5€ le kilo, la moins chère n'est pas celle que l'on croit. En effet, si l'on rajoute le coût de l'impact sanitaire (le traitement du cancer que tu auras dans 15 ans à cause des pesticides présents dans ta tomate) et écologique (la destruction des terres arables et de la biodiversité à cause de ces mêmes pesticides ainsi que la contribution au réchauffement de la planète à cause des énergies fossiles utilisées lors de son transport en camion à travers l'Europe), à long terme, la tomate industrielle -malgré son goût insipide et sa faible valeur nutritionnelle- coûte bien plus cher.

Nous devons comprendre que, directement ou indirectement, tout est interconnecté. Pour comprendre et résoudre une situation de la manière la plus efficace, nous devons donc développer une approche transdisciplinaire des choses.

Nous devons nous déconnecter des écrans et du numérique pour nous reconnecter à la Nature et à nous-même.

Nous devons percevoir qu'il y a, et de très loin, beaucoup plus d'intelligence et de technologie dans n'importe quelle plante ou insecte "insignifiant" que dans le smartphone dernier cri. Il nous faut en conséquence considérer la Nature comme une bibliothèque dont nous pourrions tirer d'énormes bénéfices en lisant les livres qu'elle contient plutôt que de les brûler un à un comme un vulgaire combustible pour nous chauffer pendant l'hiver.

Il faut apprendre à voir au-delà de ce que nos yeux voient. Lorsque tu places un gland dans le creux de la main, tu peux n'y voir qu'un simple gland. Mais tu peux aussi ouvrir plus largement tes yeux et ton esprit pour déceler qu'il y a derrière lui des milliards d'années d'évolution qui ont abouti récemment à une magnifique lignée de chênes majestueux dont le dernier a donné naissance à ce petit gland plein d'espoir. Un petit gland qui possède comme futur potentiel de devenir une pousse, puis un arbre, puis une forêt…

Nous devons nous initier à la méditation et à l'écoute de notre connexion avec nous même, avec la Nature et avec l'Univers.

Et nous devons partager cette philosophie avec nos enfants en les initiant eux-aussi à la méditation et à l'écoute de leur connexion avec eux-mêmes, avec la Nature et avec l'Univers.

Nous devons offrir un soin particulier à l'éducation que nous donnons à nos enfants en leur offrant du temps, de la bienveillance et de l'amour. Beaucoup d'amour ! Nous devons leur enseigner le respect d'eux-mêmes, des autres, des animaux et de la planète.

Et puisque l'éducation est l'arme la plus puissante que l'on puisse utiliser pour changer le monde, nous devons démocratiser la pédagogie de Maria Montessori. Puisque, de par les résultats qu'elle donne, elle est unanimement reconnue comme l'une des plus efficaces de toutes, nous devons en faire la norme utilisée par défaut dans toutes nos écoles publiques et nos systèmes éducatifs.

Nous devons transformer nos économies de marché (basées sur la croissance et la surconsommation) par une économie de ressources (basée sur l'équilibre et la préservation de nos ressources et de nos écosystèmes).

Nous devons sauver les derniers grands mammifères avant qu'il ne soit trop tard.

Nous devons déplastifier nos civilisations et nettoyer notre planète de tous les déchets qui la défigurent.

Nous devons d'urgence régénérer nos sols.[49]

Nous devons immédiatement stopper d'inonder de chimie en tout genre tous les écosystèmes de notre planète.

Nous devons mieux nous respecter et réinventer notre façon de nous alimenter en refusant de consommer toutes ces choses qui détruisent nos corps et, bien souvent aussi, la planète : junkfood, élevage et agriculture intensive, OGM, alimentation industrielle, chimie alimentaire …etc.

Nous devons réinventer notre rapport à la médecine qui ne possède aujourd'hui quasiment plus aucun lien avec la santé et le bien-être.

Nous devons nous désintoxiquer des énergies fossiles et cesser impérativement le réchauffement de notre planète afin d'en limiter les conséquences.

« Je rêve d'un avenir où aller au travail, à l'école ou au magasin ne doit pas causer de pollution. »

Bernie Sanders

Nous devons nous battre pour ce que nous croyons être juste.

Nous devons impérativement protéger et préserver les Communs : l'eau, l'air, les sols, les semences, le climat.[50] Toutes ces choses qui ne sont ni des biens privés, ni des biens publics mais, comme son nom l'indique, des biens Communs indispensables à la vie de tous, végétaux et autres espèces animales inclus.

Nous devons comprendre et accepter que chaque animal de cette planète, de la sauterelle à l'ours polaire en passant par le vautour, le maquereau ou l'araignée, **possède la même légitimité que nous à y vivre**. En conséquence, nous devons assumer notre devoir de les protéger individuellement en tant qu'êtres et de les préserver collectivement en tant qu'espèce.

Nous devons préserver nos écosystèmes avec un soin tout particulier pour nos forêts, nos marais, nos lacs, nos fleuves, nos rivières, nos mangroves, nos barrières de corail, nos mers et nos océans.

Nous devons non seulement défendre la Nature, mais nous devons aller au-delà en nous y reconnectant pour en redevenir une partie d'elle-même.

Nous devons assumer cette responsabilité morale que nous avons de protéger notre planète et de la léguer à ceux à venir, quelle que soit la génération ou l'espèce à laquelle ils appartiennent.

« La planète Terre est un bel objet fragile qui abrite un mélange de formes de vie certainement rares, sinon uniques, dans tout l'Univers et la préservation de son intégrité est maintenant le privilège et la responsabilité de l'humanité. »

Ervin László

Nous devons nous défaire du "Dieu consommation", transformer notre relation aux choses matérielles et alléger nos vies.

Nous devons intégrer que **le secret de la vie, c'est de donner !**

Nous ne devons avoir que pour seuls focus principaux : *Aimer*, *Grandir* et *Donner*.

Nous devons comprendre que l'Univers est une structure holonique. Par conséquent, nous sommes à la fois un ensemble composé d'une multitude d'éléments plus petits ainsi que l'un des minuscules éléments d'un ensemble bien plus grand que nous, lui-même minuscule élément d'un ensemble encore plus grand et ainsi de suite...

Nous devons comprendre que l'Univers est une force colossale qui nous dépasse complètement et nous devons lui faire confiance.

Individuellement et collectivement, nous devons accéder aux niveaux de conscience supérieurs.

Nous devons tous, qui que nous soyons, prendre conscience de la problématique globale dans laquelle se trouve notre planète et nous engager pour contribuer à la résoudre.

Et "tous, qui que nous soyons", ça commence par toi. Interroge-toi :

Que signifie vraiment le mot "écologie" pour moi ?
_____
_____
_____
_____
_____
_____
_____
_____

Quel est mon niveau de connaissance et de compréhension des challenges écologiques actuels ?
_____
_____
_____
_____
_____
_____
_____
_____
_____
_____

Est-ce que ce sont des sujets qui m'intéressent ? Pourquoi ?
_____
_____
_____
_____
_____
_____
_____
_____
_____
_____
_____
_____

Quel est mon point de vue sur la crise écologique actuelle ? Pourquoi ?
_____
_____
_____
_____
_____
_____
_____

_____
_____
_____
_____
_____
_____

Ai-je conscience que nous courons à très court terme vers un effondrement écologique majeur ?

☐ Oui   ☐ Non

Si ma réponse est non, n'est-il pas judicieux -vu l'importance du sujet- que je prenne sincèrement le temps d'étudier la question ?

☐ Oui   ☐ Non

Si tu as répondu *Oui* à cette question, je te conseille le livre de l'astrophysicien Aurélien Barrau : ''Le plus grand défi de l'histoire de l'humanité''. Si tu as répondu *Non*, je ne peux que te le conseiller deux fois plus… (et si vraiment tu n'aimes pas la lecture, de taper son nom sur YouTube et de prendre le temps d'écouter une ou deux de ses vidéos traitant ce sujet)

_____

« On ne naît pas écologiste, on le devient. »

Nicolas Hulot

_____

Quels sont les comportements individuels que je peux décider d'avoir dès maintenant dans ma vie quotidienne pour limiter mon impact négatif sur la planète (ex : Arrêter d'acheter des gadgets inutiles, Réparer plutôt que de remplacer, Limiter -voire éliminer- ma consommation de viande, Remplacer l'avion par le train, la voiture par le vélo, Limiter à chaque fois que possible ma consommation d'énergie, Soutenir financièrement des ONG saines et engagées telles que la Sea Shepherd, Rewild, One Voice, la fondation GoodPlanet ou encore le WWF…etc.)

_____
_____
_____
_____
_____
_____
_____
_____
_____
_____
_____
_____
_____
_____
_____
_____
_____
_____
_____
_____
_____
_____
_____

Comment puis-je contribuer à impacter les comportements collectifs qui vont dans le sens des solutions ? (ex : Je vote pour des personnes qui comprennent ces problématiques et qui s'engagent réellement à les solutionner, Je dénonce et je participe à mettre la pression sur les éco-prédateurs en tout genre, Par mon attitude, je valorise les comportements positifs afin d'influencer positivement le conformisme social, Je contribue, par l'exemple, à l'avènement d'un niveau de conscience supérieur…etc.)

_____
_____
_____
_____
_____
_____
_____
_____
_____
_____
_____
_____
_____
_____
_____
_____
_____
_____
_____
_____
_____
_____
_____

Parmi tous les grands défis écologiques du 21ème siècle, quels sont ceux qui me bouleversent particulièrement ? Pourquoi ?

_____
_____
_____
_____
_____
_____
_____
_____
_____
_____

Si je devais en choisir un seul sur lequel agir, lequel serait-ce ? Pourquoi ?

_____
_____
_____
_____
_____
_____
_____
_____
_____
_____

Et puisque c'est mieux quand la vie possède un sens, serais-je prêt à évaluer sérieusement la possibilité de vouer ma vie à contribuer à la résolution de l'un de ces grands défis du 21ème siècle ? Pourquoi ?

_____
_____
_____
_____
_____

Si oui, quelles sont les premières démarches que je peux commencer à faire dès aujourd'hui ? (ex : Je m'informe plus précisément sur la problématique en questionnant Internet, Je commande des livres sur le sujet, Je lis "EARTHFORCE - Manuel de l'éco-guerrier" du Capitaine Paul Watson, Je rencontre des personnes qui maîtrisent le sujet, J'intègre des associations qui travaillent dessus, Je crée une fondation et je mets en place des projets…etc.)

_____
_____
_____
_____
_____
_____
_____
_____
_____

> « On ne change jamais les choses en combattant la réalité existante. Pour changer quelque chose, construisez un nouveau modèle qui rendra obsolète celui existant. »
>
> *Richard Buckminster Fuller*

Quel monde voulons-nous laisser à nos enfants ?

Le 21ème siècle se lève sur une planète Terre malade où de plus en plus de monde consomme -et gaspille- de plus en plus de ressources alors qu'elles s'appauvrissent et se renouvellent de moins en moins vite. Si l'humanité ne prend pas **un virage radical** dans sa manière de penser et de fonctionner, nous courons droit vers une réaction en chaîne de cataclysmes écologiques majeurs aux conséquences imprévisibles !

Je crois que le plus grand danger pour notre planète est la croyance commune que c'est quelqu'un d'autre qui la sauvera. Il nous est aujourd'hui impératif d'entendre la question cruciale que ce début du 21ème siècle nous pose, individuellement et de manière intime, à chacun d'entre nous :

Plus que jamais, le monde a besoin de vrais leaders qui s'engagent.

Répondras-tu à l'appel ?

Conclusion*

---

*Ceci est la conclusion du livre "L'école c'est important mais l'éducation c'est primordial !" d'où est extrait l'ouvrage que tu tiens entres les mains. Je l'ai rajouté en conclusion des 5 livres de la collection éponyme dont il est issu (voir page 137). Je te le précise car posée ainsi, sans explication, certains de des éléments de cette conclusion pourraient, à juste titre, te paraître hors sujet.

« Le savoir est une arme, maintenant tu le sais ! »

Stomy Bugsy

Durant toute leur vie, ils avaient travaillé dur et sans jamais prendre un seul jour de vacances. Selon les critères sociaux les plus répandus dans notre société, ce couple de commerçants avait brillamment réussi. Après presque 35 ans de dur labeur, ils étaient à la tête d'une quinzaine de boulangeries de qualité toutes situées dans les meilleurs endroits de la capitale. Ils avaient une centaine d'employés fidèles et leur business tournait très bien. Et ce n'était pas un hasard : depuis 35 ans ils géraient avec une très grande attention leur argent en ne faisant aucune dépense superflue et en réinvestissant tout ce qu'ils pouvaient. Ils le faisaient depuis tellement longtemps, qu'économiser était devenu pour eux une seconde nature, au point qu'ils n'étaient jamais partis en vacances ensemble.

Un soir, pendant le repas, après une longue et fatigante journée de travail la femme hasarda une idée :

- Dis-moi, chéri, nous ne sommes jamais partis en vacances. Que dirais-tu si nous nous offrions une croisière ? J'ai vu qu'il y avait des promotions en ce moment…

Son mari était tiraillé. Au fond de lui il voulait partir mais il s'était créé un programme puissant qui lui imposait de ne jamais faire de dépenses inutiles. Après quelques secondes de réflexion, il proposa à sa femme :

- Pourquoi pas, cela nous permettra de nous déconnecter, on l'a bien mérité, après tout. Mais par contre, on fera bien attention à nos dépenses sur place.

Quelques jours plus tard, les voici donc embarqués pour une semaine sur l'un des fleurons de la compagnie Cunard : le splendide Queen Mary II. Afin de rester dans des budgets corrects, ils avaient tout prévu pour limiter au maximum les frais et, histoire de ne pas avoir à payer le restaurant, ils emportèrent dans leurs valises de quoi faire des sandwiches.

Le voyage commença donc et se passa superbement bien. Ils prirent du temps pour eux, se prélassant autour de la piscine un livre à la main, et participèrent à toutes les activités gratuites durant lesquelles ils rencontrèrent de nombreuses personnes avec qui ils sympathisèrent. Mais à chaque fois que vint l'heure du repas, ce fut la même scène : la femme prétexta à leurs compagnons de voyage qu'elle ne se sentait pas bien et, avec son mari, ils rejoignirent leur petite cabine sans hublot dans laquelle ils grignotèrent leurs provisions.

Leur semaine de vacances se déroula donc ainsi et, hormis pendant les repas, ils passèrent de bons moments. Le dernier soir de la croisière, alors que leurs provisions étaient presque épuisées et que leur dernier morceau de pain était rassis depuis quatre jours déjà, la femme proposa :

- Chéri, on ne reprendra probablement pas de vacances avant longtemps. Au lieu de manger encore du pain rassis et du fromage ce soir, que penses-tu de s'offrir un restaurant ensemble pour notre dernière soirée sur le bateau ?

Enchanté par l'idée, son mari accepta.

Arrivés au restaurant, le serveur leur proposa une table avec une vue absolument somptueuse sur le soleil couchant. La musique d'ambiance était douce et la soirée s'annonçait agréable. Lorsque le serveur leur remit les cartes, ils furent étonnés de ne pas voir de prix associés aux plats. Lors de sa commande, le mari demanda alors combien coûtait celui qu'il voulait choisir. Surpris, le serveur leur dit simplement qu'il pouvait prendre tout ce qu'ils désiraient car les repas étaient inclus dans le prix de leur voyage…

« La vie est trop courte pour être petite. »

Tim Ferriss

La vie est un cadeau !

Je crois que la vie est un cadeau ! Un voyage qui nous a été offert et dont nous avons la possibilité de profiter à fond. Bien évidemment, quand je parle de profiter à fond du voyage, je ne pense pas ici aux choses matérielles mais je parle des expériences, des accomplissements, des évolutions personnelles, des contributions ainsi que de la qualité des émotions qu'il nous est donné de vivre. La plupart d'entre nous sommes conditionnés à accepter de vivre nettement en dessous de notre potentiel et de nos possibilités d'accomplissement. Et malheureusement, ce n'est bien souvent qu'à la fin du voyage que l'on s'en aperçoit et que l'on regrette amèrement certains de nos choix.

Il paraît que la définition de **l'enfer, c'est quand, à ta mort, la personne que tu es rencontre la personne que tu aurais pu devenir.** Pose-toi la question : si tu meurs aujourd'hui, iras-tu en enfer ?

Si la réponse à cette question est oui, ce qui est statistiquement plus que très probable, il est peut-être temps pour toi de réagir. Quel que soit ton âge et l'endroit où se trouve ta vie aujourd'hui, décide d'en reprendre le contrôle. Ce n'est pas forcément simple, mais j'ai toutefois une excellente nouvelle à t'annoncer : ce n'est pas ce que tu as fait jusqu'à maintenant qui compte, mais véritablement ce que tu vas faire à partir de maintenant.

« Ce n'est pas ce que tu as fait jusqu'à maintenant qui compte, mais véritablement ce que tu vas faire à partir de maintenant. »

Gérald Vignaud

Mais pour contrebalancer cette excellente nouvelle, il y a aussi quelque chose qu'il t'est absolument indispensable d'intégrer : s'il n'est pas mis en application, tout apprentissage est infructueux. Ce qui, en clair, veut dire que si tu ne passes pas à l'action après la lecture de ce livre, alors il t'aura été inutile.

Lorsque tu étais enfant, tu ne pouvais que subir et tu étais victime des circonstances. Mais maintenant que tu es adulte, tu es victime de tes décisions. Quel que soit le timing dans lequel se trouve ta vie, le meilleur moment pour en reprendre le contrôle, c'est maintenant ! Tu n'as plus d'excuses car tu possèdes entre tes mains les premières clefs d'une vie réussie et les directions vers lesquelles approfondir ta quête. Comprends-le : aujourd'hui, c'est le premier jour du reste de ta vie ! Ressors cette fameuse boîte à rêves dont nous parlions plus haut. Ouvre ton esprit, laisse-le courir sans jugement et décide lesquels tu veux aller conquérir. Relis les notes personnelles que tu as prises durant la lecture de ce livre et prends le temps d'y réfléchir. Qui es-tu réellement ? Quelles sont tes expériences passées, tes succès, tes échecs, tes émotions, tes intuitions ? Qui veux-tu réellement devenir ? Et surtout, que ce soit à l'échelle de ta communauté ou de la planète, comment veux-tu impacter positivement le monde ? Reprends tes objectifs en mains et passe à l'action. Aujourd'hui !

Les journées nous paraissent parfois longues mais, au final, le temps passe vite et les années sont courtes. Ne perds jamais de vue que d'ici quelques décennies -une centaine d'années au très grand maximum- tu seras mort et tous tes proches le seront aussi. En fait, en à peine un siècle, la quasi-totalité des habitants actuels de la planète se sera renouvelée. Alors ne perds pas ton temps car pour toi c'est maintenant que ça se passe. Demain ce sera trop tard !

Changer le monde ?

Comme le disait si justement Helen Keller, « la vie est soit une aventure audacieuse, soit rien ! ». Et puisque que tu n'en as qu'une, décide de vivre une vie riche et excitante. Sature-toi d'informations positives, va à la rencontre de gens intéressants et sois curieux de tout : tu trouveras ainsi en permanence des choses passionnantes et constructives à entreprendre. Observe, écoute et apprends. Développe des idées nouvelles et arpente des chemins qui n'ont pas encore été empruntés. Et puisque le monde est façonné par les personnes déraisonnables, pourquoi ne déciderais-tu pas d'être enfin toi-même, quitte à être réellement déraisonnable ?

Et d'ailleurs, pendant qu'on parle de projets déraisonnables. Pose-toi la question suivante : le monde dans lequel nous vivons te plaît-il vraiment ? Si ce n'est pas le cas, qu'aimerais-tu y changer ? Et si tu avais le pouvoir au cours de ta vie d'en changer radicalement une chose, **une seule**, laquelle serait-elle ? Il est important que tu te poses réellement cette question, parce que la bonne nouvelle c'est que ce pouvoir, tu le possèdes déjà en toi !

S'il y a une chose que l'on ne nous apprend malheureusement pas à l'école, c'est qu'une personne déterminée qui agit avec passion, vision, stratégie et intelligence est capable de fédérer une communauté de gens engagés et de lancer une véritable dynamique. Une dynamique qui, avec du temps et un effet cumulé, peut transformer la face du monde pour toujours. Si tu le décides, cette personne peut être toi. Et d'ailleurs, si ce n'est pas toi, alors ce sera qui ? Et si ce n'est pas maintenant, alors ce sera quand ?

« Ne doutez jamais qu'un petit groupe de citoyens réfléchis et engagés puissent changer le monde. C'est d'ailleurs seulement comme ça que cela s'est toujours produit. »

Margaret Mead

Quoiqu'il arrive, ne perds jamais de vue qu'un jour ton cœur cessera de battre. Et ce jour-là aucune de tes peurs, aucune de tes hésitations, aucun de tes doutes, aucun de tes regrets et aucun de tes objectifs futurs n'auront plus d'importance. À partir de ce moment-là, les seules choses qui compteront vraiment -et qui resteront gravées pour l'éternité- c'est la manière dont tu as vécu, ce que tu as appris, ce que tu as compris, ce que tu as ressenti, ce que tu as donné, comment tu as contribué, l'amour que tu as partagé et jusqu'à quel niveau tu as réussi à pousser ton éveil spirituel.

Le secret de la vie, c'est de donner

Un dernier mot pour conclure. À titre personnel, je crois profondément à la loi du Karma, celle qui affirme que plus tu donnes, plus tu reçois. Une sagesse que j'essaye d'intégrer au maximum à ma vie depuis de nombreuses années déjà.

Je crois que donner d'une manière anonyme et sincèrement désintéressée envoie une énergie à l'Univers. Une énergie qui enclenche en retour un effet boomerang amplifié qui pénétrera ta destinée. Je crois réellement que le secret ultime de l'existence, c'est de donner et j'aimerais te proposer d'appliquer cette philosophie à ta vie. Si tu trouves que ce livre t'a aidé d'une quelconque façon que ce soit, envisag d'en offrir un exemplaire à cinq personnes auxquelles tu tiens et à qui tu penses qu'il pourrait être utile. Cela peut-être des membres de ta famille, des amis, des collègues de travail, un partenaire de business ou voire même une simple connaissance **dont tu aurais envie d'influer positivement la vie**.

Lors de la relecture du manuscrit final de ce livre, l'un de mes amis me conseillait de retirer ce dernier paragraphe en me pronostiquant que les lecteurs penseraient que cela servirait mes intérêts, ce qui est d'ailleurs factuellement vrai[51]. Après réflexion, je me suis dit qu'il fallait quand même le laisser car ses conséquences en seraient aussi profitables à plusieurs autres personnes. D'une part, cela impactera positivement la vie des personnes à qui tu vas décider d'offrir ce livre. Mais surtout, ce geste te donnera à toi le privilège inestimable d'avoir apporté une plus-value dans la vie d'autres personnes. Et peut-être même, dans certains cas, d'en avoir changé radicalement et positivement la trajectoire.

Qui sont les cinq personnes à qui je vais offrir un exemplaire de ce livre ?

- 1 _____
- 2 _____
- 3 _____
- 4 _____
- 5 _____

Et puisqu'il faut maintenant conclure ce livre, je voudrais te remercier de ta confiance pour l'avoir acheté et lu jusqu'à la fin. Je l'ai écrit avec engagement et passion. J'espère qu'il t'a été profitable et qu'il contribuera à te faire évoluer. Si tu as apprécié cet ouvrage, n'hésite pas le faire connaître autour de toi et à en partager tes impressions sur les réseaux sociaux. N'hésite pas non plus à laisser un petit commentaire sympa sur le site d'Amazon (et/ou celui de la FNAC et des autres distributeurs en ligne). Cela m'est très utile car, en plus d'aider les futurs lecteurs à choisir cet ouvrage, les algorithmes d'Amazon estiment la popularité d'un livre au nombre de commentaires laissés. Et plus un livre est populaire, plus Amazon le positionne favorablement dans les recherches.

Aussi, si tu veux que l'on poursuivre le voyage ensemble, tu peux me rejoindre sur mon site (geraldvignaud.com) pour découvrir d'autres outils ainsi que les formations que j'ai conceptualisées.

Enfin, comme je te l'ai évoqué en début de ce livre, je crois à l'importance d'une communication horizontale. N'hésite donc pas à m'écrire directement un message (geraldvignaud.com/livre-contact) pour me partager ton feedback et tes témoignages de réussite suite à la lecture de ce livre. Je lis personnellement tous les messages et j'essaie d'y répondre le plus souvent possible.

À bientôt,

Amicalement,

Gérald Vignaud

Sources et informations complémentaires

[1] Le film "ZEITGEIST : Moving Forward", troisième volet de l'exceptionnelle trilogie de Peter Joseph
Disponible sur YouTube :
https://www.youtube.com/watch?v=FiWNjXuXwI4

[2] sur notre planète, ce sont quotidiennement 160 000 personnes qui meurent pour 400 000 qui naissent
Source : Documentaire "Terra" de Yann Arthus-Bertrand disponible sur YouTube : https://www.youtube.com/watch?v=MnGd8J5DSeg

[3] Si l'on prend pour point de comparaison les siècles précédents, l'humanité du 21ème siècle semble avoir réellement limité les ravages des guerres, des épidémies et des famines
À moins que l'évolution de l'épidémie du COVID 19, qui vient tout juste d'enflammer le monde à l'heure où j'écris ces lignes, me fasse mentir…

[4] Pour rappel, aujourd'hui sur Terre, ce sont 45 millions de personnes qui vivent une vie d'esclave
Cette estimation date en fait de 2016, mais il semble que ce chiffre n'a malheureusement pas diminué depuis
https://www.youtube.com/watch?v=MnGd8J5DSeg

[5] Une épidémie d'obésité qui touche aujourd'hui plus de personnes sur la planète que les famines
D'après l'OMS, en 2016, plus de 1,9 milliard d'adultes -personnes de 18 ans et plus- étaient en surpoids. Sur ce total, plus de 650 millions étaient obèses.
https://www.who.int/fr/news-room/fact-sheets/detail/obesity-and-overweight

[6] une simple frite dans un fast-food peut contenir jusqu'à une dizaine d'additifs différents
https://docteurbonnebouffe.com/frites-mcdonalds-composition-decryptee

⁶ En moyenne, l'obésité entraîne une perte d'espérance de vie d'environ 10 ans.
https://www.pourquoidocteur.fr/Mieux-Vivre/27112-Etre-obese-20-ans-faire-perdre-jusqu-a-10-ans-d-esperance-vie

⁷ Début 2016, un rapport britannique annonçait que, d'ici 2050, la résistance aux antibiotiques causerait la mort de 10 millions de personnes chaque année dans le monde si rien ne changeait
https://www.lesechos.fr/2016/05/la-resistance-aux-antibiotiques-plus-meurtriere-que-le-cancer-dici-2050-209615

⁸ De multiples expériences dont certaines sur le rat (dont l'ADN est très proche de l'Homme) le démontreraient : les ondes favoriseraient le développement des tumeurs cancéreuses et endommageraient les neurones
https://reporterre.net/Les-ondes-2G-et-3G-ont-cause-des-cancers-chez-des-rats-selon-des-chercheurs

⁹ le sommeil est un moment crucial pour le repos et la formation des connexions neurologiques. Quelque chose de particulièrement important et actif durant la période de l'adolescence.
https://www.sante-sur-le-net.com/sommeil-cerveau-adolescents

¹⁰ Pour reprendre l'exemple de Star Wars, un nombre incalculable de fans savent exactement tout de cet univers, y compris une multitude de détails improbables comme la taille exacte de l'étoile de la mort, l'année de fabrication du pistolaser de Han Solo, la vitesse de croisière de tel ou tel vaisseau ou encore les détails de l'enfance de tel personnage secondaire du film.
Si tu le désires, tu peux évidemment toi aussi retrouver toutes ces infos sur les nombreux sites de fans comme par exemple celui-ci :
https://www.starwars-universe.com/encyclopedie

¹¹ En effet, n'est-il pas hallucinant de découvrir que plus de 9 % des Français croient "possible que la Terre soit plate et non pas ronde comme on nous le dit depuis l'école" ?
https://www.nationalgeographic.fr/sciences/un-francais-sur-10-pense-que-la-terre-est-plate

[12] 1 quart des américains pensent que c'est le Soleil qui tourne autour de la Terre
https://www.ouest-france.fr/monde/etats-unis/espace-1-americain-sur-4-ignore-que-la-terre-tourne-autour-du-soleil-1931124

[13] 7 % des adultes américains (ce qui en fait quand même plus de 16 millions) pensent que le lait chocolaté provient des vaches marrons
https://www.lepoint.fr/monde/pour-16-millions-d-americains-le-lait-chocolate-vient-de-vaches-marron-17-06-2017-2136082_24.php

[14] Plus d'info sur les « bulles de filtre » :
https://fr.wikipedia.org/wiki/Bulle_de_filtres

[15] Mais comme le souligne très justement Edward Snowden, l'essence même de l'être et de la personnalité de tout être humain ne peut se construire sans intimité ni vie privée
https://www.different.land/sinspirer/reflexions/limportance-de-vie-privee-edward-snowden.php

[16] Aujourd'hui, un hôtel de Nagasaki au Japon accueille ses clients exclusivement avec les premières générations de robots intelligents.
https://www.voyage-insolite.com/2015/07/24/hotel-robots-humanoides-japon

[17] Pendant ce temps, une intelligence artificielle fabriquée par Google gagne contre Lee Se-Dol, le champion du monde du jeu de Go.
https://www.lefigaro.fr/secteur/high-tech/2016/03/12/32001-20160312ARTFIG00065-jeu-de-go-et-l-ordinateur-remporta-une-nouvelle-victoire-contre-l-homme.php

[18] Suite au programme ''projet génome humain'' entrepris en 1988, le 21ème siècle s'est ouvert sur un événement scientifique majeur : le séquençage et l'assemblage du génome humain.
https://fr.wikipedia.org/wiki/Projet_génome_humain

[19] "vaches à hublot"
https://www.lemonde.fr/festival/video/2019/06/20/des-hublots-sur-des-vaches-l214-filme-une-pratique-ancienne-mais-debattue_5478830_4415198.html

[20] en témoigne la fable de la Fontaine "L'homme et la couleuvre"
https://www.different.land/blog/environnement-et-ecologie/homme-couleuvre-jean-fontaine.php

[21] 40 quadrillions
Pour savoir quels sont les nombres qui viennent après "milliard" :
https://www.maths-et-tiques.fr/index.php/detentes/tres-grands-nombres

[22] À l'analyse objective de ces données empiriques, une déduction s'impose : La possibilité que nous soyons le centre d'un Univers qui a été exclusivement créé pour nous, les Homo sapiens, est statistiquement absurde. Une probabilité tellement infime qu'elle est très probablement égale à zéro.
Pour en savoir plus, prends le temps de visionner la série "Une espèce à part" produite par Arté. Attention, cette série est absolument exceptionnelle ! Elle est disponible sur Youtube :
https://www.youtube.com/watch?v=stCxLxBMjYA

[23] Depuis ces derniers 7 millions d'années, plusieurs espèces d'hominidés se sont succédées
https://www.hominides.com/html/ancetres/ancetres.php

[24] du genre un météorite de 10 kilomètres de diamètre qui percute la Terre au large de la péninsule du Yucatan, dans l'actuel Mexique
https://www.youtube.com/watch?v=1GyMcGxhVJI

[25] Alors que l'humanité en consomme **quotidiennement** plus de 95 millions de barils
https://www.planetoscope.com/petrole/209-consommation-mondiale-de-petrole.html

[26] À l'image de Peter Diamandis, ils rejettent d'un revers de la main les dangers des challenges écologiques actuels en nous expliquant qu'il ne faut pas s'en faire, que les découvertes technologiques de demain -sans d'ailleurs préciser lesquelles- les résoudront tous.
Source : TED de Peter Diamondis, à 2.18 :
https://www.youtube.com/watch?v=BltRufe5kkI

[27] Au lieu de vouloir Terraformer la planète Mars
À l'image d'Elon Musk, beaucoup rêverait de pouvoir créer artificiellement une atmosphère sur Mars afin de pour la coloniser. Ils appellent cette idée la ''Terraformation'' :
https://sciencepost.fr/elon-musk-propose-de-terraformer-mars-avec-des-bombes-nucleaires

[28] essayer de ne pas Vénusformer la planète Terre ?
Sur Vénus, à cause d'un effet de serre colossal, l'atmosphère monte jusqu'à 490°.

[29] Lors de la COP 25 de Madrid en 2019, l'idée a même pris une ampleur encore plus grande lorsque certains se sont publiquement interrogés s'il était judicieux de (tenter de) manipuler les océans par la géo-ingénierie.
https://www.lexpress.fr/actualite/sciences/cop-25-doit-on-manipuler-l-ocean-pour-sauver-le-climat_2109201.html

[30] Ces 40 dernières années, nous avons perdu près de la moitié du vivant et tous les voyants sont au rouge concernant un grande partie l'autre moitié qui reste.
https://www.20minutes.fr/planete/1949107-20161027-video-plus-moitie-vivant-terre-disparu-40-dernieres-annees

[31] dont les plus gros d'entre eux peuvent transporter plus de 23 000 conteneurs.
https://fr.wikipedia.org/wiki/Liste_des_plus_grands_porte-conteneurs

[32] on estime qu'un seul bateau dégage autant de soufre que 50 millions de voitures
https://www.youtube.com/watch?v=dYC4I1J47oc

33 Le déplacement des espèces invasives causé par les déballastages
https://fr.wikipedia.org/wiki/Ballast_(marine)

34 Les épaves non recyclées qui finissent leur vie sur des plages-poubelles de pays tels que l'Inde ou le Bengladesh où le reste de leurs dépouilles continuent de polluer indéfiniment…
https://www.francetvinfo.fr/monde/asie/les-coulisses-du-plus-grand-cimetiere-de-bateaux-du-monde_913403.html

35 l'ouverture des nouvelles routes commerciales du Nord possibles grâce au réchauffement climatique
https://www.franceculture.fr/geopolitique/le-rechauffement-climatique-aiguise-les-appetits-dans-larctique

36 les requins étant des superprédateurs situés tout en haut de la chaîne alimentaire, leur extinction, par un effet domino, bouleversera de manière imprévisible tous nos écosystèmes.
https://fr.wikipedia.org/wiki/Superprédateur

37 (Pour produire 1 seul kilo de Bœuf, on estime qu'il faut au final 13 500 litres d'eau.)
https://www.futura-sciences.com/planete/questions-reponses/eau-faut-il-litres-eau-produire-932

38 les flatulences de ces milliards de bovins qui rejettent dans l'atmosphère des quantités phénoménales de méthane, un gaz à effet de serre 25 fois plus puissant que le CO2.
http://www.leparisien.fr/environnement/pourquoi-les-vaches-polluent-parce-qu-elles-manquent-de-savoir-vivre-26-05-2015-4803999.php

39 1 gramme de terre contient une moyenne de 1 milliard de bactéries, réparties en 10 à 100 000 espèces différentes dont la plupart nous sont totalement inconnues.
https://www.arte.tv/fr/videos/075786-008-A/une-espece-a-part-dans-la-toile-de-la-vie

[40] Dans un pays comme la France, on estime néanmoins à -au moins- 48 000 le nombre de décès annuel liés à la pollution de l'air.
http://sante.lefigaro.fr/actualite/2016/06/21/25114-pollution-48000-morts-par-an-france

[41] et bien souvent inutile
comme par exemple l'éclairage public de certains endroits déserts pendant la nuit, les enseignes de certains magasins ou encore ces immenses buildings de sociétés illuminés toute la nuit alors qu'il n'y a personne dedans…

[42] La pollution liée aux accidents nucléaires comme celui qui s'est produit en 2011 à Fukushima au Japon où l'océan Pacifique sert de poubelle géante pour des quantités colossales d'eaux contaminées et autres déchets radioactifs…
https://fr.wikipedia.org/wiki/Accident_nucléaire_de_Fukushima

[43] (Une pensée particulière pour Amazon qui, pour des raisons de gestion de place dans ses entrepôts et de rentabilité, pousse le vice jusqu'à enterrer massivement des produits manufacturés flambants neufs.)
https://www.latribune.fr/entreprises-finance/gaspillage-comment-amazon-detruit-et-jette-des-millions-d-objets-neufs-chaque-annee-803700.html

[44] Et l'eau des fleuves et rivières est encore plus rare : elle ne représente seulement que 0,01% de toute l'eau douce existante.
https://www.consoglobe.com/combien-eau-et-eau-douce-sur-terre-cg

[45] l'eau contaminée tue chaque jour plus de 4 000 enfants de moins de 5 ans.
https://www.unicef.fr/sites/default/files/userfiles/L_Unicef_et_l_eau.pdf

⁴⁶ Et concernant l'autre moitié des eaux, celles qui ne sont pas récupérées, il y a un véritable problème : elles contaminent les sols et les nappes phréatiques avec autant de danger pour l'environnement, les écosystèmes et les populations locales.
https://www.courrierinternational.com/article/2011/03/10/quand-le-gaz-de-schiste-libere-son-poison

⁴⁷ Et tout cela, c'est sans compter les 42 000 (42 000 !!!) satellites supplémentaires du projet ''Starlink'' que le milliardaire Elon Musk voudrait lancer et positionner autour du globe…
https://www.msn.com/fr-fr/actualite/technologie-et-sciences/starlink-pourquoi-il-faut-redouter-la-flotte-de-satellites-delon-musk/ar-BB13XNxV

⁴⁸ D'après le rapport ''Planète vivante 2018'' du WWF
https://wwf.be/assets/RAPPORT-AUTRES/LPR2018-Full-Report.pdf

⁴⁹ Nous devons d'urgence régénérer nos sols.
Si ce thème te parle, je te laisse découvrir ''Blue Soil'', le concept innovant de la jeune agricultrice-inventrice-écoféministe Céline Basset
https://www.bluesoil.org

⁵⁰ Nous devons impérativement protéger et préserver les Communs : l'eau, l'air, les sols, les semences, le climat.
https://www.different.land/construire/solutionner-grands-defis-21eme-siecle/solutionner-grands-defis-ecologiques/preserver-les-communs.php

⁵¹ l'un de mes amis me conseillait de retirer ce dernier paragraphe en me pronostiquant que les lecteurs penseraient que cela servirait mes intérêts, ce qui est d'ailleurs factuellement vrai.
En fait, cela n'est même pas le cas puisque je reverse l'intégralité de mes droits d'auteur à l'ONG *Soupe de plastique* (voir page 146).

Retrouve ici un récapitulatif et les liens de tous les ouvrages conseillés dans ce livre : geraldvignaud.com/liste-des-references

du même auteur

GÉRALD VIGNAUD

L'ÉCOLE C'EST IMPORTANT MAIS L'ÉDUCATION C'EST PRIMORDIAL !

—

Les 15 choses essentielles à la réussite que
tu n'apprendras pourtant jamais à l'école

**L'école c'est important
mais l'éducation c'est primordial !**

T'as un problème ?

La voie minoritaire

À ta santé !

Transforme tes rêves en réalité !

Performance maximale !

À propos de l'auteur

Diplômé par Anthony Robbins de la *"Business Mastery"* ainsi que de la prestigieuse *"Mastery University"*, Gérald Vignaud s'est notamment accompli lors d'une carrière exceptionnelle dans le marketing de réseau en devenant *Senior Vice President* de l'une des plus importantes compagnies de l'industrie. Devenu un expert reconnu de celle-ci, Gérald a formé et coaché des dizaines de milliers de personnes.

Coach en développement personnel, il enseigne depuis toujours que la clef du succès et, plus important encore, de l'accomplissement personnel passe imparablement par l'acceptation de soi en assumant et en travaillant sur sa différence, son facteur X.

Expert en transformation personnelle, son premier client fut lui-même. Toxicomane pendant presque 10 ans, Gérald a su prendre des décisions et passer à l'action. Il a mis en application les stratégies qu'il enseigne désormais pour sortir de la drogue et propulser sa vie vers une réussite personnelle et professionnelle exceptionnelle.

Depuis plusieurs années, il a inspiré, conseillé et travaillé avec de nombreuses personnes de toutes catégories sociales/professionnelles parmi lesquelles des travailleurs indépendants, des dirigeants d'entreprise, des sportifs de haut niveau, des hommes politiques ou encore des personnalités.

Consultant en entreprise, Gérald comprend et possède les clefs et stratégies pour aider les sociétés de tous secteurs d'activité à se réinventer. Il les aide à se redynamiser pour les réorienter vers les résultats plus positifs et plus stables qu'elles désirent.

Conférencier reconnu, Gérald intervient régulièrement devant des salles allant de 100 à 15 000 personnes et a notamment partagé la scène avec des personnalités tel que Chris Widener, Darren Hardy ou encore Donald J. Trump.

Interviewer et voyageur passionné, Gérald a écouté et a appris des milliers de personnes qu'il a rencontrées au cours de sa vie.

Entrepreneur iconoclaste, Gérald est le fondateur et le CEO de different.land, un média alternatif. Il est axé sur l'idée que les trois clefs majeures pour créer un meilleur futur sont l'éducation, l'écologie et une technologie saine, et qu'elles sont toutes les trois interconnectées entre elles. Le site different.land a pour vocation de contribuer à instruire, à inspirer et à faire grandir une nouvelle génération de Leaders. Celle qui aura la charge de construire un indispensable monde meilleur pour demain, celui que nous laisserons à nos enfants.

Authentique amoureux de la Nature, Gérald est le co-fondateur de l'ONG *Soupe de Plastique*. Elle a notamment pour mission d'informer sur les problématiques du plastique et de plaider pour une taxation massive de celui-ci. D'une manière plus générale, Gérald milite aussi pour une meilleure gestion des ressources et un plus grand respect pour les écosystèmes de notre planète.

Véritable *Learning Junkie* Gérald cherche en permanence à apprendre, à se réinventer et à mettre dans sa vie la barre toujours plus haut.

Gérald a pour mission de contribuer à construire les générations présentes et futures en aidant les gens à développer leurs différences et à démultiplier leurs valeurs personnelle, professionnelle et financière.

Si vous désirez que Gérald Vignaud intervienne lors de votre événement, contactez-nous directement via le site :

geraldvignaud.com

Quelques mots à propos de *Soupe de plastique*

Notre planète en général et nos écosystèmes en particulier vont mal. Je crois que chacun d'entre nous, à son niveau, avons la responsabilité d'agir. C'est dans cette logique qu'avec quelques amis nous avons créé l'ONG *Soupe de plastique*.

Sa mission est quadruple :

- Informer sur les différentes problématiques liées à l'utilisation du plastique.

- Organiser des événements de nettoyage.

- Promouvoir les alternatives au plastique.

- À défaut de pouvoir l'interdire, militer pour l'idée d'une forte taxation du plastique afin d'en réduire sa rentabilité et donc sa production.

Je reverse tous les bénéfices de ce livre à cette structure. En ayant acheté un exemplaire de celui-ci, tu as donc contribué à cette importante mission. Si tu veux en savoir plus et/ou continuer à nous soutenir, rejoins-nous sur :

soupedeplastique.org

Processus d'amélioration constante et perpétuelle

Ce livre est très loin d'être parfait. Toutefois, comme toutes les choses que j'essaye de faire dans ma vie, il suit un processus d'amélioration constante et perpétuelle.

Si tu croises des coquilles, des erreurs ou d'autres choses qui te semblent inexactes, n'hésite pas à me remonter les infos afin que je fasse les corrections nécessaires dans les versions ultérieures.

geraldvignaud.com/livre-contact

« Moi seule, je ne peux pas changer le monde ; mais je peux jeter une pierre sur les eaux pour créer de nombreuses ondulations. »

Mère Teresa